应变力

应对变化和不确定性的

8种超能力

［美］阿普丽尔·林内（April Rinne）—— 著

王萌—— 译

中国科学技术出版社

·北 京·

图书在版编目（CIP）数据

应变力：应对变化和不确定性的 8 种超能力 /（美）
阿普丽尔·林内（April Rinne）著；王萌译 . — 北京：
中国科学技术出版社，2022.11
书名原文：Flux: 8 Superpowers for Thriving in
Constant Change
ISBN 978-7-5046-9833-9

Ⅰ.①应… Ⅱ.①阿… ②王… Ⅲ.①应变—能力培
养—通俗读物 Ⅳ.① B841.7-49

中国版本图书馆 CIP 数据核字（2022）第 202069 号

策划编辑	何英娇　赵　霞	责任编辑	韩沫言
封面设计	创研设	版式设计	蚂蚁设计
责任校对	焦　宁	责任印制	李晓霖

出　　版	中国科学技术出版社
发　　行	中国科学技术出版社有限公司发行部
地　　址	北京市海淀区中关村南大街 16 号
邮　　编	100081
发行电话	010-62173865
传　　真	010-62173081
网　　址	http://www.cspbooks.com.cn

开　　本	880mm×1230mm　1/32
字　　数	162 千字
印　　张	9.25
版　　次	2022 年 11 月第 1 版
印　　次	2022 年 11 月第 1 次印刷
印　　刷	北京盛通印刷股份有限公司
书　　号	ISBN 978-7-5046-9833-9/B·113
定　　价	69.00 元

（凡购买本社图书，如有缺页、倒页、脱页者，本社发行部负责调换）

谨以此书献给罗兰（Roland）和佩妮（Penny），

正因他们，本书才顺利写成

献给杰瑞（Jerry），

我的人生导师、缪斯、在流变世界中矢志不渝的好伴侣变化是常态，成长是选择。

——约翰·C.麦斯威尔（John C.Maxwell）

序 言

没有什么是固定不变的，凡事都在改变和飞逝，此乃存在第一法则。

——佩玛·丘卓（Pema Chödrön）

你的生活上一次遭遇变动是什么时候？

我猜就在不久前，不是今早，就是昨晚刚刚发生的事。可能是一场巨变，抑或是一个小插曲；可能是被迫做出的改变，抑或是自愿的选择；也有可能是毫无来由的当头一棒，让你手足无措。计划打乱、工作调动、家人生病、组织变革、环境变化、政局风云、预期反复无常……这些都与我们的生活息息相关。

改变无处不在，难以避免。不论年龄、职业、文化、信仰、传统、目标，等等，改变在人类出现前就已经存在了，并塑造了历史的全貌。要知道，正是因为改变，你才得以活着！

改变也让人迷失方向。频繁的变化让你感到无依无靠、晕头转向、漂泊无定，让你浑身本领当下无处尽情施展，对未来的希望也逐渐暗淡。

人们在改变中拼命挣扎，尤其是有些改变并非你我本意。面对这样的改变，我们抗拒、惧怕、盲目相信人力可以控制。越想将改变拒之门外，它就越可能出现，越发用力地敲门。尽管我们已经尽力阻挡，改变仍会发生。

此外，值得注意的不只是改变本身，还有如今越来越快的改变速度。因此人们会觉得这些改变没完没了，甚至有些频繁了。

现在看来，改变好像已经到达峰值了，是吗？

但事实却是：无论是今天下午、下周、下季度、明年或下个世纪，改变无时无刻不在变本加厉地发生。未来不会更稳定或确定，只会更模糊、难以预测和充满更多的未知。

要想在流变的世界中成长，就要彻底重构与不确定性之间的关系，并反转剧本（别担心，很快你就会明白其中的含义），这样你的未来才会一帆风顺、有所建树。本书会帮助所有人实现这一点。本书可供分享、重温，帮助大家应对下一次的改变。本书所讲的并不是变革管理或其他任何形式的变革，而是如何重新调整自身对不确定和未知事物的态度，学会从现在开始，将每一次的改变都看作是机遇，而非威胁。换句话说，本书适用于任何时代。

本书就如何应对当下和未来的改变提出了打破常规的新观点，既是个人指南、战略路线图，也是等待发掘的白画布。书中的"超能力"可以让你无论面对怎样的改变，都能从不同视角看待问题，贴近真理，并茁壮成长。

无论你是在领导一个企业或团队，还是要开始或反思自己的职业生涯，是想建立新的关系、寻求和平，或只是对下一步感到迷茫，都可以通过流变思维获得有用的工具和洞见，以更好地思考、学习、工作、生活和领导。本书会告诉你如何合理地放慢脚步，认清真正重要的究竟是什么，以一持万，做出明智决定。本书以种种方式对你的设想和预期提出质询，让你不再恐惧，而是充满希望、带着清晰的方向和过往经历所给予的自信，勇敢地拥抱未来。

你准备好了吗？

目　录

从信任开始

了解自己的"度"

第八章

"放养"
未来

绪论
谁动了我的未来

"阿普丽尔，你坐下了吗？"

1994年6月6日傍晚，我站在英国牛津的一栋维多利亚式房子的前厅里，那里住着来自世界各地的学生。我花了一下午的时间洗衣服和收拾行李，准备带学生参加夏季旅行。黄昏透过花园树木映射在窗上，形成柔和的斑驳。还有一年多才大学毕业的我，对即将到来的冒险之旅充满了期待。

电话那边的声音更加坚决了："阿普丽尔，你现在坐下来听我说。"

姐姐这通从地球另一端打来的电话有些出乎我的意料。我们平时并不亲近，自然不清楚她为什么会打给我。难道她不知道我出发之前还有好多事情要忙吗？

"阿普丽尔，爸妈昨天出车祸去世了，你得马上回家。"

我坐了下来，目光已经呆滞，感觉天都塌了。我使尽浑身解数地想要尖叫，却什么也没喊出来，又试了一次，撕心裂肺的哭喊声撼动了整个房子。

你应该猜到这个故事的走向了：我的整个世界因此发生了天翻地覆的变化，或者说，我的世界被卷入了变化的洪流之中。我的过去被连根拔起，指路明灯变得暗淡无光。

在那一刻，我之前的人生故事戛然而止，如今关于未来的方向，不论是跟我或父母设想过的，还是跟一年前甚至一小时前的情况相比，都已截然不同了。

在那一刻，姐姐和我都被困在了未知之中，根本不知道接下来该做什么。

我从未想过，还有许多人也会有同样的感受。

今后的新常态

我们要知道，当前对全世界所有国家来说都是一个充满挑战的时代。全球经历了1918年以来影响最大的疫情——新冠肺炎疫情、20世纪30年代早期以来最严重的经济危机、几十年来最严峻的粮食安全问题以及现代人类社会从未有过的重大气候灾难。而美国正面临自1968年来从未有过的社会紧张局势，更是为当下的困境雪上加霜。以上任何一个危机都足以撼动整个社会的安稳局面。如果全部同时发生，那后果将不堪设想。

如今的世界，万事万物都处于流变之中：气候、公司、职场、事业、教育、公共医疗、人与自然的关系、社会凝聚力、家庭生活、梦想、期望，等等，你一定还能再举出几个例子。变化和未知的覆盖范围之广，让人既跃跃欲试，又望而却步。

重要的不是变化的对象，而是当下变化的速度：今天的速度绝不会比昨天慢，也不会比明天快。

这个世界之所以瞬息万变，不是单单一次疫情、一场自然灾害、即将开始的新学年，或是尚未找到的工作所导致的。本书也不是无所不能的魔杖，只要轻轻一挥，所有的问题就"嗖"地一下不见了。

当下最容易发生的变化是什么

下面做一个小练习，让创造性的流变思维活跃起来。

1.不要犹豫，立刻列出生活中所有发生变化的事，包括宏观与微观，日常的细微变化与未知的改变。

2.如果可以的话，给这些改变排序。你是否注意到它们的相似之处？

3.面对这些改变，你是什么心情？激动、不安、好奇、困惑……都可以。

4.你是否对不同的改变做出不同的反应，或者你的反应是否随时间的变化而变化？

请结合这份清单一起阅读本书。

本书基于简单的现实：无论在世界何处，改变只多不少。未来不会更稳定，只会更无常。

未来本身其实就在不断变化。

人们并不习惯于这种大幅度的改变。也许我们在情急之下也会展现出惊人的适应力，但总体而言，我们更享受岁月静好，现世安稳。即便是能够融入纷繁世界的人也会如此，因为他们明白自己可以依赖一些不会改变的规律。但如果改变才是"史无前例的新常态"的话，那我们需要整装出发，在新的规则下取得胜利。这也是本书的意义所在。

流变究竟是什么

流变既是名词也是动词。我们所处的世界充满了变化（名词），因此我们要做的不仅是锻炼大脑，更需要让大脑中的想法流动（动词）起来。

如果你对自己和当下的世界稍加观察，就会发现生活在某些方面正以飞快的速度展开。比如曾经的生活规划现在停滞不前，或不复存在，公司制定的战略、团队的计划、家庭日程……一夜之间就可以完全被打乱。

而另一方面，世界又好像静止一般，陷入瘫痪且前路迷茫。不止整个世界如此，你自己也会感到困顿、沮丧、不安和彷徨。

所以如今的世界加速与减速并存，充满了不确定和未知，这让人感到恼火、困惑和焦躁。但这已是既定的现实，而我们要做的就是学会在变化中生存。

没有一模一样的改变

改变可大可小，可以是外部的，也可以是内部的；可以是个人的，也可以是职业上的；可以是家庭的，也可以是公司的；可以是自然界的，也可以是社会上的。它可能是肉眼可见的，也有可能是难以察觉却影响深远的。同样的改变，有人皆大欢喜，有人苦不堪言。你也许享受生活中的改变，却对职场的变化深恶痛绝，也许又恰恰相反。当然，情况不同对改变的感受也会有所不同。

面对许多改变，多数人其实都是欣然接受的，比如开始一段新的关系、移居到别的城市、组建家庭、尝试一项新的运动，等等。然而，主动选择改变与由于外部因素迫使改变是截然不同的两种体验。几十年前，著名家庭治疗师维吉尼亚·萨提亚（Virginia Satir）提出了五级改变模型，其中强调，人们通常会顺应那些于自己有利的变化。当选择摆在面前并且我们对预期结果充满期待时，会很乐意接受改变的。反之，就如系统科学家彼得·圣吉（Peter Senge）所言，"我们抗拒的不是改变，而是被动地改变"。

但问题在于，我们根本无法自主做出改变，世界像一辆高速前行的列车，不会等我们准备好了才启动引擎。

在理想情况下，无论是个人还是组织，改变都可以是一种主动选择。如果我们非常幸运并做好十足的准备，那么这样的改变是符合预期的。但这种有规律的改变只是我们日常要面对的改变中的一小部分，而其余的改变才是本书所要传达的内容。

身处流变的世界，我们必须学会坦然面对现实，明白在下个转角也许会发生更多的改变，可能是出乎意料的，也可能是无法自主选择的，或两者皆有。因此转变态度非常重要，要从挣扎着抵抗改变，变成将改变看作发展的机遇。

流变理论

流变的世界并不是一蹴而就的。自古以来，变化就是一种常态。然而，在文化规范、他人的期待以及现有技术的推动下，我们对变化的理解和在他人教导下应对（或避免）变化的方式会随着时间的推移而不同。

就像对待人生中发生的大多事情一样，我们对变化的看法与我们接触社会的方式有关。想一想自己成长的环境、方式以及周围的人。在过去的教育中，你认为什么是重要的，什么又是不当的行为？如何定义成功和失败？面对变化，你是惧怕它还是拥抱它？

从某种程度上说，我们的人生都在按照剧本演绎。但剧本不止一部，每个人的剧本都是自身独特经历的缩影。尤其是当各种改变蜂拥而至、不请自来，让你感到困惑，只想怎么挺过去，慌张失措得完全把握不住剧本的走向了。

你的剧本是根据自己的人生经历量身打造的：有的人或来自移民家庭，或世代都在当地土生土长；或生下来就享尽荣华，或因先天不足而更加努力；或患有慢性疾病，或身体健康；或在爱中长大，或长时间都被忽视、遭到不公平的待遇；或生活在战乱时期、面临生存危机，或身处和平年代。

尽管每个人的剧本各异，但都是以同样的力量和作为人类的普遍经验所塑造的。大多数情况下，剧本内容都清晰明了。

大多数的人生剧本里都会写道：要努力工作，不论做任何事都要持之以恒；要取得好成绩，上名牌大学，去500强企业上班。成功就是做企业的高管，所以要一步一步爬上CEO的位置。看，这就是所谓"成功"的定义和秘诀。

人生剧本可能会告诉我们：越多越好；脆弱意味着软弱无能；速度最快的人才能获胜，所以你应该快速奔跑；追随别人的脚步，并融入群体以及任何人（或许除了亲人）都不可信。

人生剧本通常对我们获得金钱和玩具大加赞赏。在这种大背景下，相比地球母亲或自古代流传下来的智慧，新技术更被奉为解决问题的灵丹妙药。

人生剧本会为你完成社会设定的目标而欢呼，它似乎从未问过你的想法，就理所当然地将那些目标作为你的追求。也许你试着问过自己：内心深处，我想要的究竟是什么？但是这样的疑问被人生剧本无情地淹没。因为要让剧本发挥作用，就必须将那些真情实感掩埋在心底。

在你年轻时，人生剧本并不会透露太多真相。剧本没有告诉你，拥有特权才可以优先上人生的电梯。它也没有告诉你，为什么大家上电梯这么困难，又有多少人无奈地想要下来。

平心而论，刚才的剧本情节属实给人有点刻板的印象（换句话说，这个剧本的主人公极有可能是一位男性）。我相信现实情况会比这详细得多。但问题是，人人必备的剧本，长期以来都在左右我们的人生。它就这样被代代承袭，以至无人质疑它的合理性。

接下来发生的事情也就可想而知了。

之前的运作体系轰然崩塌，一个流变世界闪亮登场。

有些变化潜伏几年才露出水面，但在它潜伏的过程中我们始终（或假装）视而不见。有些却是突然出现，就像全速前进的火车势不可当或对身体的猛击让人猝不及防。有的改变，尽管我们内心早已深感不安，但仍难以掌控。

无论是哪种改变，旧的剧本都已毁坏。所有人的剧本都不再适用于今天的世界，或者说都属于另一个世界。但一些剧本的残页四处零落，尽管已无法发挥作用，但我们仍会习惯用其中的处世之道与价值观看待世界。这些观念都还在我们的脑海里挥之不去，我们还是会用过去的经验做决定。

因此我写下了这本书。不论个人还是群体，我们都在着手编写适合流变世界的新剧本。

旧剧本是由前人所写，而新剧本则由你自己书写，故事走向由你而定。尽管所有的事情都发生了改变，全新的内容也能帮你找到方向、看到未来并成为自己。

流变理论揭示了新旧剧本之间的关系，尤其讲到如何将旧剧本转变为能适应不断变化的时代的新剧本。我将理论总结为三步，每步都有相应的解释，并会贯穿全书。

第一步：打开流变思维；

第二步：用流变思维解锁八大流变超能力；

第三步：用流变超能力编写新剧本。

每个人的旧剧本都是独特的，新剧本也是如此。流变理论能够教你如何得心应手地运用流变思维并将流变超能力发挥更大作用，从容不迫地面对任何改变。

思维起源：神经系统、焦虑、成长

在深入探讨流变思维之前，先要了解人的思维是怎么形成的。思维从何而来，它的驱动力又是什么？答案还要从神经科学开始找起。人体的交感神经系统和副交感神经系统协同作用，两者虽共同调控同样的人体内部功能，却有着相反的效果。交感神经系统控制的是著名的"战斗、逃跑或僵住"功能，并让身体处于紧绷状态，而副交感系统则负责让身体冷静下来，或叫作"休息和消化"功能。

一般情况下，两种系统像盟友一样并肩作战，它们分别有一套自己的运作流程。简单来说，如果你被老虎追，那么交感神经系统就会开始工作。如果你在冥想，那副交感神经系统就会起主导作用。但在大多数时候，两种系统是共同运作的。

当前的世界日新月异，越来越多的外部危险刺激朝我们涌来，交感神经系统强行让我们的身体做出反应。我们并没有被老虎追，但身体却依旧做出了激烈的反应。面对如此多的"老虎"，我们已经无法让身体冷静下来了。

现在已经不只是个体的交感神经系统受到"老虎"威胁的问题了。焦虑蔓延到了个人、组织、社会的各个方面。许多人担忧自己的事业、家庭、健康、财务状况、子女未来，甚至对未来提心吊胆。有人担忧自己的企业价值观、发展韧性、企业文化、竞争力以及如何才能做成生意。往更高的层面说，还会有人担忧许多社会问题，如全球变暖、不公平、不包容和不公正现象。此外，数字科技也会增加人们的担忧，比如过度使用智能手机会导致认知能力下降。

今天的领导者们有许多焦虑的理由。以我的经验来看，即便他们没有对别人提起，许多焦虑和担忧也已成了生活的常态。即使你认为自己并不焦虑，那焦虑也很有可能发生在你的同事、朋友或家人身上。

我对焦虑深有体会。在43岁以前，我对不焦虑一无所知（认识到这一点还是在我被要求回忆第一次不焦虑的时候，结果什么也想不起来）。不止如此，在外部标准的影响下，我越"成功"，内心就越焦虑，这像是一个恶性循环。

恐惧、困惑和羞耻感让我对焦虑展开了进一步研究，研究结果令人深思。全球将近10%的人被确诊为焦虑症，每年给全球经济带来约1万亿美元的损失。在美国，每4个成年人中就有1人患有焦虑症，63%的大学生曾表示在过去一年中感到极度焦虑。

许多事件都进一步打破了常态，如疫情、自然灾害、封城、虚假信息、冰川融化、社会摩擦，等等。而焦虑情绪在这些事件出现之前其实就已经存在了。

从某种程度来说，面对世界的紧张局面，感到焦虑实属正常。但如果未来会不断地变化，那么焦虑就成了全社会的危机，这是一场不言而喻的流行病，许多人不愿相信，所以避而不谈。但数据和以往经验反映的却是残酷的现实。

以我自己为例，我对自己与焦虑关系的警醒同时也让我更好地理解自己与变化的关系。我很早就开始深入研究流变世界了，但这次的经历为我打开了学习和成长的大门，也是流变思维发挥作用的地方，它能让我们在变化的世界应付自如。

第一步：打开流变思维

想要让流变理论发挥作用，首先需要打开流变思维，它让你的价值观清晰深刻地意识到：变化是机遇，而非威胁。

所有人都会经历变化，但每个人的感受却不相同，它根植于人生剧本中，具体且独特。比如，你喜欢的变化也许是别人所痛恨的；对你而言的变化对他人可能是常态；别人认为很简单的变化对你来说却很难，反之亦然。

现在的问题是，许多人生剧本在流变世界中支离破碎。不只是你，许多人都不得不彻底地重新审视这一切。当新的时代来临，本应编写一份全新剧本的我们，却紧抓着过时的残页不放。而打开流变思维可以让你放下过去，拥抱未来。

你可以把流变思维看成心理、身体和精神的状态，它是你应对改变时的底气与力量。流变思维有几个核心要素，包括核心价值观、在似是而非的世界中安然自处以及怀着希望而非恐惧的心态对待不确定。要记住这些要素在个人、企业、团队、社区和社会层面都发挥着作用。当我们思考变化与人生剧本之间的关系时，立足点究竟是什么？可以想想企业变革中内部核心价值观受到挑战的情况（我们之后会讲到这些变化的不同层级）。

我花了很长时间和努力才形成了自己的流变思维，它植根于无法撼动的人类信念之中，即承诺为别人服务和由衷地欣赏多样的美（之后的文章中会写到，这些价值观在我童年时期就已存在，但我仍需学习将其融入人生剧本中）。因此一旦出现变化，或遇到让我困扰的不确定因素，我就会立刻想起多元文化的智慧精华，并帮助他人。这些智慧并不会让我的困境迎刃而解，但确实塑造了我与变化之间的关系。多元文化让我以不同的视角看待自己的期望、目标等问题，另外，帮助他人加强了人与人的相互依赖，也让我更好地理解了自己的故事。这两者都让我对流变的世界充满希望与好奇，而不是惧怕。它们同时也强调了与变化的关系通常是由内而外展开的（这在后面的内容会提及）。

表1描述了如何让一些流变思维中的元素更广泛地发挥作用。你通常如何看待或思考这些主题？如果有什么让你突发奇想，或引发强烈反应（好坏都可）的元素，请注意：这是一个信号，在提醒你目前的剧本与变化间的关系。我称之为"流变性"。

流变思维：向着改变前进

流变思维是基于成长心态所建立的，而成长思维由斯坦福大学心理学家卡罗尔·德韦克（Carol Dweck）30多年前所提出，主要应用于儿童学习能力研究。成长思维表示，能力和智力可以靠后天努力改变，并认为人可以变得更聪明；努力使人更强大。这种说法对增强动力、实现成功方面有着深远影响，但并未提及改变出现的情况。因此，流变思维就这一方面做了进一步阐述。

流变思维能在当今时代产生重要影响，主要是因为它发挥着基石的作用。在流变思维的支撑下，你对自己的价值观和新的人生剧本深信不疑，以至于变化不论以何种方式闯入你的世界，你都会忍不住将其看作是一次机遇。

表1　打开流变思维

你如何看待自己的	以前的你	现在的你
人生故事	由他人编写，你只需照做	由自己编写，是为让你一步步成为自己理想的样子
人生	需要搭乘的电梯	流动的河水
事业	追求的道路	展出的作品集
期望	由他人等外部因素决定	由自己等内部因素决定
目标	具体但难以实现	突然设定且不够清晰，但内含许多机遇
对成功的衡量标准	一层又一层的阶梯	下一步行动和想法
领导力	管控他人，强调"我"	释放他人及自身潜力，强调"我们"
权利	自上而下，等级森严	自下而上，灵活分散
同辈	竞争对手	盟友和合作者
未来	确定	清晰
改变	威胁	机遇
面对改变的心情	恐惧、焦虑、呆滞	希望、感叹、好奇

对于变化，你不再惧怕，而是满怀期待地迎接它的到来。

你的流变思维基线

"捕捉"你的流变思维并没有想象中那么容易或直接，否则我也不必在这里长篇大论，你也不会读到这本书了。首先要做的就是认清自己的流变思维基线。

这个基线与其说是在定义你的流变思维，不如说是判断目前与变化之间的关系，也就是流变性。基线可以是工具，在你读这本书时引导你，让你看到哪些东西触动（或没有触动）了自己，认清哪些流变超能力可能是最有帮助的。不要纠结于所谓的"正确"答案，因为它根本不存在。相反，你需要特别留意"我不知道，之前从没那么想过！"之类的想法。

价值观/内心标尺

■ 是什么给予你意义和目的？它们是否随时间的推移而改变了，如果是，那是如何改变的？

■ 遇到不确定的情况时，你会向谁求助？

■ 无论怎样，你都会做出承诺的对象是谁？

■ 如果你被剥夺了所有特权，那么是什么塑造了真正的你？

应对方式

■ 当事情办的比预计时间要长，你会感到焦虑，还是平静？（第一章　放慢脚步）

■ 如果事物不可衡量，那它是否存在？（第二章　关注不可见的事）

■ 当你走错了路，到了一个从没来过（也没打算要来）的地方，你会感到懊恼还是对这一切新鲜的环境充满好奇？（第三章　重新理解"迷失"）

■ 可以信任身边的人吗？（第四章　从信任开始）

■ 对你来说，送别人礼物是损失还是收获？（第五章了解自己的"度"）

■ 如果今天丢了工作，那么你还可以做什么？（第六章打造组合式职业生涯）

■ 一整天没看手机，你是坐立不安还是心如止水？（第七章　坦诚相待并服务他人）

■ 你觉得谁或什么在掌控你的生活？（第八章　"放养"未来）

最后

■ 用一个词形容今天你与变化的关系。

> 记下你的答案，读完本书以后再次回答以上问题，看看你的基线是否有所改变以及是如何改变的。

高速发展的时代，新的信息如巨浪般涌来，人们张皇失措，我们找不到参照物，没有了方向，未来变得格外模糊。变化的浪潮不断袭来，很快就打乱了我们原本的航线，想要重新找回难上加难。

想想不同领域是如何定位和导航的，比如：

● 几百年来，北极星和南十字星帮许多探险家确定方向，指导他们完成探险之旅。那么在流变时代中，你的北极星或南十字星是什么呢？

● 航海文化教会我们通过观察地平线、云层颜色和海浪形状判断方向。船员航行所依靠的并不是什么理论依据，而是周围的环境。那么你是如何在流变中乘风破浪的呢？

● 在瑜伽里，凝视点指目光聚焦之处，旨在提高练习者的专注力，维持平衡。它可以是墙上的一个小点、地上的一个物件或地平线上的一个光点。在这不断变化的世界里，你的凝视点是什么？

抬头就是北极星，远处便是地平线，凝视点就在正前方，它们会引导你到达理想的彼岸并扎根繁荣。

而流变思维就成了**新的指南针**，不论周围发生怎样的变化，它都会为你提供依据、指明道路、带领你前行。它是你的北极星、凝视点，也是你脚下坚固的土地。它深植于你的核心价值观中，展现了一个真实的你，让你无论发生什么变化，都能够保持自我。

如果你在想："我该怎么运用这种流变思维呢？"那恭喜你，这本书会带给你答案。请继续读下去。

第二步：解锁你的流变超能力

一旦你开始形成流变思维，或至少是开始思考与变化友好相处，你可能会感到焦虑。那该怎么做呢？

要将流变理论付诸实践，就得用流变思维解锁流变超能力，这种基本准则与实践适用于不断变化的世界，并会应用和融入你的生活。

八大流变超能力包括：

1.放慢脚步

2.关注不可见的事

3.重新理解"迷失"

4.从信任开始

5.了解自己的"度"

6.打造组合式职业生涯

7.坦诚相待并服务他人

8."放养"未来

每种流变超能力都会让你以新的视角看待变化、用新的方式回应，最终与变化重建关系。八种超能力共同作用，可以让你面对生活时心怀希望，而非恐惧；抱有期待，而非焦虑；充满好奇，而非紧张。每章介绍的超能力都很有益，放在一起更是相辅相成，攻无不克。

很多时候你其实已经拥有这些超能力了（或至少心里埋下了超能力的种子），但它们却往往会被掩盖或变得透明。它们被那些仍遵循旧剧本的力量、人以及机构排除在外。而有了流变思维，你就应当且极有可能发掘并运用这些不为人知的超能力。在表2中，你会更清晰地看到这些超能力。

流变超能力对大脑来说就像是便当盒，每种超能力都是营养丰富的佳肴，既可以单独食用（使用），也可以将超能力放在一起组成一桌既营养又美味的晚餐。每种超能力都以不同又互补的方式强调着你的流变性。

表2　剧本，习惯和超能力

旧剧本 / 旧习惯	新剧本 / 流变超能力
加速奔跑	放慢脚步

续表

旧剧本 / 旧习惯	新剧本 / 流变超能力
只看表面	关注不可见的事
待在自己的跑道	重新理解"迷失"
不信任任何人	从信任开始
越多越好	了解自己的"度"
找到工作	打造组合式职业生涯
科技无所不知	坦诚相待并服务他人
预测并掌控未来	"放养"未来

对大多数人来说，运用超能力的难易程度根据表中内容和人生剧本的性质而不同。同样，每种超能力在人生的不同阶段的比重会有所不同。对精疲力竭的人来说，学会放慢脚步在一开始可能更重要，而对感到生活失控的人来说更重视"放养"未来。（因为放慢脚步，就会更善于放养，反之亦然）。没有一个超能力要求你发展自己所没有的东西，比如高难度技术、天才智商或应用程序。

流变超能力和流变思维的关系类似于轴辐结构：八大超能力围绕流变思维这个轴运转（图1）。超能力既独立存在，又通过轴心相互连接。一旦流变思维形成，那么超能力便可以运作了。

图1　流变思维与超能力

也许你已经注意到这里的逻辑和以往观点有些不同：只有在你形成流变思维并相信新剧本就是最好的前行方向时，超能力才会发挥作用。如果你将自己困在旧剧本里，那超能力只会是你的累赘或绊脚石。你会觉得放慢脚步就是懒惰，放养未来即放弃，但这完全不是新剧本所强调的内容。

同样，新剧本不会说绝不能加速前行或使用科技。它既没有指出工作没有一点好处，也没有说我们都不应该努力工作。这些都是对流变理论的断章取义。

流变超能力不会以我们过去习惯的方式展现出来，因为它们是在一个全新的剧本设定当中。但是它们却并不比过去难以改变的习惯要求得少。比如，超能力对慢跑的要求与加速奔跑一样多（甚至更多）；放养未来跟执着于掌控全局的要求一样多。要知道，让内心平静下来并不意味着被动地选择，当旧剧本仍深刻地留在你的脑海时，各种噪声此起彼伏。但一旦编写了新的剧本，你就会看到一个全新的世界。

那我们现在来谈谈新剧本吧！

第三步：编写新剧本

将流变理论付诸实践的第三步，也是最后一步，就是用流变超能力编写属于自己的新剧本，这可以让你不仅与变化友好相处，还能将自己最好的一面展现给全世界。

每个人的旧剧本都基于独特的个人经历，因此新剧本也要展现出独一无二的你。这就是编写新剧本最让人激动的一点了：只有你自己才能完成这专属于你的故事。

虽然我无法预测你的新剧本会讲些什么，但以下是对流变超能力转化为新剧本的解读，非常适用于当前变化的世界。

● 当你试着放慢脚步时，你会开始追求更平缓的步伐，拥抱沉默。

● 当你试着去看曾经忽视的一切时，你会发现新的世界充满机遇、妙不可言，而过去的剧本让你对这些真正的向往视而不见。

- 当你学会享受迷失时，你会欣然接受计划被打乱、改变或对下一步毫无头绪的情况。

- 当你开始信任他人，就会渴望更多的信任。你会更能获得他人信任，同时也让他人尽情施展其可靠之处。

- 当你了解自己的"度"以后，就能知足常乐，更能照顾自己和身边的人。

- 当你开始打造组合型职业时，工作对你来说很快就不是"拥有（或得到）一份工作"了。你不再为事业焦虑，而是自信地面对未来的事业。

- 当你成为一个真正意义上的人时，你与他人、内心的关系和睡眠质量都会提高。与科技的关系最终也会有所改变。

- 当你学会放养未来时，你会发现它看起来无比耀眼。

听起来很不错对吧？还远不止这些。

一直以来，你的新剧本、流变超能力、流变思维都是相辅相成的。你着重培养其中一个，其他方面也都会更强大、清晰，这就相当于1+1=11。

对流变超能力的练习和打磨越多，你对流变思维就越得心应手。反过来，通过对流变思维的培养，你也更能将流变超能力应用得淋漓尽致。

想象一下，你的流变思维是你的人生与变化友好相处的火箭助推器，流变超能力则是燃料。两者都对你的人生新剧本至关重要。在它们的共同作用下，火箭直入云霄，使你在不断游动的云层里享受着永不停止、不断变化、丰富多彩（甚至是精彩绝伦）的人生之旅。

因此，不论你是在评估自己的事业，还是审视价值观；是反思产品设计，还是领导全公司的变革；是试着给予同事灵感，还是仅仅想要尽可能地展现自己，都可以用流变超能力书写你的人生新篇章，更勇敢地面对变化。

我的流变之旅

从那个六月的下午我接到姐姐的电话起，就一直在思考个人、组织以及整个社会该如何适应变化。噩耗带给我的不只是焦虑和恐慌，还包括教会我重建生活以及寻找生活的意义，这些都是适应变化的不同方式。后来我也学习未来主义和复杂性理论，虽然它们都能让人更好地理解和适应变化，但出发点却完全不是解救有悲痛遭遇的人。我通过旅行和学习其他文化了解我们彼此的连接，即共同的人性，继续寻找着灵感与见解，并将在不同地方的所见分类、连接与融合。

　　我的流变之旅至少最开始并不是一帆风顺的。父母去世后不久，一种无端却又真实的恐惧感油然而生：我觉得自己活不过一年了。如果我生命中最亲密的两个人都不告而别，那么我或者其他人是否也会如此？如果我明天就会离去，那我的存在是否在这个世界留下过一丝痕迹？那时的我只有20岁，却像是经历了一场全面的中年危机。

　　父母离世后不到两年，我大学毕业了，这让我陷入了另一种困境：现在要步入真实世界了（这就好像之前的我从未接触过一样），并需要做出点成绩来。不仅如此，我还要实现父母对我的期望，继承他们的遗志。我必须非常清楚自己应该做的事并做到最好，要超出父母或任何人的期望。我必须尽快完成这些任务，因为我不知道明天和意外，哪个会先来。

　　真的是这样吗？

　　我大错特错了。

　　在接下来的章节中，我也会继续探讨这次的经历，它以各种方式，在我的生活中种下了变化的种子。父母去世时，我完全没有流变超能力，流变思维根本没有被打开，对变化的应对经验少之又少。我被旧剧本紧紧地束缚住了，也不知道有许多人其实已经编写了新的篇章。我的父母非常开明，甚至有些离经叛道，但他们也仍然活在过去的人生剧本里。

在经历了许多方面的变化之后，我能够与变化以及流变思维更好地相处了。父母去世之后，生活、家庭、未来的各种变化如潮水般涌来。无论摆在面前的是欢喜、困难，还是悲惨的巨变，我都要别无选择地应对。

流变世界中领导力的新剧本

正在读这本书的你可能既是领导者，又是求职者，那么你是哪种领导者呢？

旧剧本对领导者的定义非常狭隘，即在梯子顶端的人。领导者管理、指示、命令他人，甚至还常常控制他人的行为。他们期望得到答案、大权在握，喜欢成为公众焦点。在商业环境中，领导者甚至会破坏竞争。

但是在流变世界中和新剧本的设定下，对优秀的领导者这一定义出现了明显的不同，主要体现在领导的标志性特征及其资质上。当世界发生翻天覆地的变化后，旧剧本中对"好领导"的标准就行不通了。过去的技能也许还会成为在新世界发展的不利因素。在新世界中，更重要的是你与变化的关系，即你是否有能力带领自己与他人直面变化，适应变化，并战胜变化。

比如目标领导者（Leaders on Purpose）在2019年的一项研究显示，当今时代所需的顶层领导能力是对风险与不确定性的适应。相对其他人来说，最优秀的领导者能够承受、驾驭并信任不确定性。换句话说，优秀领导者在变化中所寻求的是不确定性。而领导者的最终目标是拥有清晰的展望，这意味着他们要知道何时可以摆脱旧剧本的束缚，放手一搏。

除此之外，新剧本还明确了，许多人都可以是领导者，而不只是那些走向顶层的人。当今世界的领导者来自各个方面，而不仅限于顶层人士，它运用了网络、生态系统以及集体智慧的"新力量"（new power）原则（请记住：网络中最强的节点不是最大、最复杂、存在时间最长或最有资质的，而是连接性最强的）。流变世界中的领导者追求的是共同领导，而不是独断专行。

为了评估你的领导力水平以及如何提升领导力，下面几个引导性问题可供参考：

用1～10分来评价自己在变化世界中的领导力水平。

你的朋友是如何评价你的？

你更倾向于从"我"还是"我们"的角度思考问题？

你如何看待与他人共享权力的行为？

你如何评价所在企业适应改变的能力？某些话题是触发点吗？是否部分人、团队或部门要更适应改变？

2年（或5年、10年）后，你想成为什么样的领导者或求职者？或想加入什么样的企业？请带着这些答案阅读本书。

我的流变思维破壳而出之时，我就开始寻找变化、感知它的到来、并见证它在自己和他人身上出现。种种经历都告诉我，每一种变化，无论是令人期待的还是避之不及的，都能拓宽流变思维。只要你敢于直面变化，那么它们越多，你的流变思维就越强。

在流变思维出现以后，我开始思考自己的流变超能力。这让我感到压力很大，因为要学的东西太多了。所以我首先关注的是无法忽视的超能力：放养未来。失去双亲也意味着失去了我对未来原本的构想，只能看着它离我越来越远。但随着时间的推移，我开始尝试、想象并认识新的人，那时我才意识到过去的剧本已经根本不适合我。我开始描绘完全不同的未来：不同的职业道路、优先事项、生活方式。当全社会说要右转时，我试着倾听内心的声音，它轻轻地告诉我：左转。

请注意，不论是当时还是现在，都没有完美的科学依据教我放养未来。但我练习得越多，这种超能力就越强。今天我可以描绘出十几张自己未来的画面（或任何未来的画面）。但因为只有一张可以展开，我需要学会放弃剩下的画面（也就是说，要放弃大部分可能的未来）。

没有什么能比飞来横祸更让人对这个世界不信任了。但生活在对未来的恐惧和不信任中会是什么样的呢？反正不是我所期望的未来。因此我开始深入反思过去的人生剧本，发现自己对信任的理解颠倒了。我开始敞开心扉，既为了疗愈受伤的心灵，也是想看看信任是否有用。之后我再也没有回头看过旧剧本（你很快就会明白，开始信任并不是指天真的信任，也不是指一切都按计划进行。它只是设立了不同的默认值，让你充满自信地迎接变化）。

我的流变超能力有了飞跃式提升，主要因为两个原因：情感和旅行。父母去世是我所接触到的第一次死亡，我有生以来参加的第一场葬礼就是他们的。从情感上说，我过去陷入困境，没有指南针、地图、凝视点等辅助物。慢慢地，我从写日记到发现内心深处的好奇心（而不是恐惧）中学会用新的方式获得方向。之后我的冒险之旅从世界的一端到另一端，我才发现自己对"不知道在某一天会遇见谁"或"晚上会在何处落脚"这样的问题充满好奇（而不是恐惧）。久而久之我才明白，我们是制造恐惧，还是驱赶恐惧，这取决于我们心中是如何诠释这些故事的。

20年后，我建立了体现新剧本内容的组合式职业。这一超能力是通过好几次改进才发展起来的。然而，尽管这种每隔几年就换职业的做法不符合大多数常规标准，但我的立场、认知和问题都没有变：如果我明天就离开人世，那今天这个世界需要我做些什么？

（这个问题带来的一个好处就是，每年我过生日的时候都会感叹自己竟然还活着。）

我花了更长时间识别和打磨其他超能力，现在每天也都在练习。编写新的剧本成为我一生的追求。但我深知万事无绝对，也许明天意外就会发生，那还有什么比追求超能力更好的人生投资吗？

通往流变之路

过去的25年，我有许多机会反思自己的变化之旅——尤其是什么可行，什么不可行——并指导其他人应对变化。在这个过程中出现了许多观察与感悟，它们就像路标一样为改变航线指明道路，并编写新的流变篇章：通往流变之路。

● **价值观来自许多方面**。常被提及的有：个人信仰、对服务的承诺、对超越自身利益或"胜利"的奉献、关爱儿童和全

人类等。

● **你与改变的关系始于内心。** 许多人将自己与变化的关系都弄反了，他们只关注外在的"改变管理的策略"或"对不确定性的投入"，却没能意识到，自己做的每一个策略、投资或决定都在根本上取决于内心或心理状态（面对变化，你是充满期待还是恐惧？这不是策略，而是心态）。首先考虑内在与变化的关系，再思考外部变化，并让这些模糊的变化变得清晰。

● **除了自己，没人能写出专属于你的剧本，反之亦然。** 我们能从别人身上学到许多，尤其是那些已经编写了自己的人生新剧本的人，但他们终究都不是你。

● **学习适应变化是艰辛但令人激动的旅程。** 它会为你和你周围的世界带来比其他方面更多的回报。

你会在生活中有许多机会练习打开流变思维并培养流变超能力。不要犹豫，从此时面临的变化挑战开始着手。而且你要记住，任何技能都不是只能用于当前或只是解决过去巨变所带来的挑战，而是对你一生有益的超能力。

如何阅读本书

本书的结构非常简单：每章都会讲一个流变超级能力。

你可以按顺序阅读，也可以从任何章节开始看起，没有硬性要求。所有超能力都贯穿全书，所以你可以从最想看的部分着手。每章都包含练习和提问，帮你培养和锻炼该章所讲的超能力，强化你的流变思维，思考新剧本的编写。每章最后都会设5个问题来总结该章主题，为你提供额外反思的时间。

本书通过一系列关于变化的新词汇来丰富语言。新剧本和流变理论也作为这一词汇基础的一部分。许多人都能从中感到不断的变化、逐渐加快的变化以及在未知中前行，但总体而言，我们在表达方面仍然匮乏。当然，简单定义一个问题并不是解决之道，但如果不能掌握正确的表达，我们很难展开有意义的交流。本书旨在提高人们对变化的意识，并对学习改变进行讨论。

改变是当今时代和未来的主题，本书也是关于现在和未来的一本书。希望本书可以对你和身边的人有所助益。

第一章
放慢脚步

✛

当我们迷失了方向时，往往跑得更快。

——罗洛·梅（ROLLO MAY）

想想自己为什么向前跑。我们的生活充满了突发情况，即便不是每天遇上几次，也是每周常有的事。这样的变数可能是打乱多年习惯的一项新日程，抑或是团队未能按时完成工作；是突然摆在面前的机遇，抑或是不确定自己付得起几个月的房租；是对自身或者亲友安全的担忧，抑或是全球变暖。

遇到这样的变数，你是选择健步如飞地向前，还是留在原地？

无论是个人还是企业都很难回答这个问题。在职场中，人力资源高层常说，当不确定性愈演愈烈时，"果断裁员"才是正解。如果不确定未来的收益从何而来，最简单的应对方式就是精简团队。毕竟员工薪资在多数企业支出预算中是占比最大的。

但如果我们深入研究，会发现正确答案恰恰相反。自1980年以来，尽可能推迟裁员计划的企业要比快速裁员的企业效益更好。这是为什么呢？

事实证明这不只是因为顶尖人才难以被取代，更是由于裁员会严重打击留存员工的士气，降低工作效率。而那些将经济效率凌驾于基本公平之上的企业，最终会原形毕露，其价值观和信誉也再难以恢复。

这并不是说企业裁员大错特错，或者我们不应立即采取行动。快速反应不一定就代表明智应对。在这个高速发展的时代，最快起跑的人不一定最先到达终点。

超能力：放慢脚步

在快节奏时代成功的秘诀，就是放慢自己的节奏。

在这个瞬息万变的世界，各种声音劝诱着、哄骗着甚至逼迫着我们跑得再快一点。但是通往成长和成功的秘诀告诉我们的却恰恰相反，要学会放慢脚步。

旧剧本告诉我们，只有跑得更快才能跟上时代的步伐。但飞快发展的世界因为终点线在不断变化，制定出了不同的竞赛规则。无论是业务需求还是家庭重心，是需要兼顾的责任还是努力经营的关系，或是等待解读的不确定性，越是一味加速奔跑，不停下，不反思，甚至不留意过去，长此以往，结果只会越不遂人愿。

然而，对于大多数人而言，加速奔跑已然成了惯性。我们深陷于旧有观念，这尤其对独自加速向前的人来说并不是什么好事。

这时，如果我们试着放慢脚步，就会发现我们会有更多的改进，比如决定更明智、压力更小、适应性更强、身体更好、情绪与直觉联系更紧密、注意力更集中、目标更清晰。让人意想不到的是，放慢脚步其实能让我们有更多时间放松，自然也就减少了焦虑。放慢脚步能够提高重要领域的工作效率，同时也能丢下倦怠，轻装前行。其实很多时候只有停下脚步，我们才能取得进步。

我花了很长时间才学会放慢脚步。大部分时候，我都是尽可能快速奔跑，要么是朝着别人设定的目标，要么是远离自己的恐惧，但从未认真想过最初奔跑的理由。父母去世那会儿，我也认为跑得越快越好，尽早远离那样的伤痛，但我做不到。我停下脚步，站在原地，开始练习放慢脚步这种超能力。这些年的心路历程与外界关系的变化如一卷画轴缓缓展开。我想，如果要真正读懂其中的深意，还要花上好几年。

如今我跑得比以前慢多了，当然我还有很大的进步空间。种种尝试、错误和刻意练习让我学会珍视停下的力量。现在的我多了一分踏实，少了一分焦虑。说来有些惭愧，如今我倒能领略过去一跑而过所忽略的沿途的风景。而曾经那些恐惧，竟也成为让我一笑而过的谈资了。

但是准确来说，放慢脚步并不意味着停下、懒惰、静止、无目标或漠不关心（这也许是最出人意料的一点）。放慢脚步，不可能因为度个假、下载个软件或用一个一劳永逸的方式就能实现（讽刺的是，正是你想"解决"的问题在不断变化，因此用一次性的方法只会给你带来灾难性后果）。其实，形成放慢脚步的习惯需要日积月累的行动和练习，需要静下心来、专注真正重要的事。

当然，有时候加速奔跑也不无道理，比如前方来车时迅速躲避。当我们身处流变世界，完全沉浸在自己的事情当中时，可能会感觉自己更有活力、行动与思考都更快了。

但总体来说，我们在加速奔跑中受到的阻碍和伤害要更多，因为在我们希望冷静下来的时候，思维还在高速运转。我们花了大量时间追逐他人设定的期望，跑了很久才开始思考属于自己的时间（以及希望、梦想和渴望）都去哪儿了。

一直以来，我们都在加速奔跑，离生命的本质却越来越远。其实我们不必如此高速前行，理解这一点才是流变思维真正的起点。

你跑得有多快

下面的练习分为两个部分。首先，请诚实回答以下问题：

你觉得自己是否跑得太快了？

你认为自己"需要加速奔跑"的想法从何而来？

如果放慢脚步，转移注意力，你会发现什么？

如果知道自己明天就要离开人世，你会奔向什么目标或向谁跑去？

附加题：在回答以上问题时，你是否很难"停下来思考"？

第二个练习，在一张纸上画四个同心圆（就像靶心一样）并根据以下内容标注：

最内环是**你的个人追求**：你与自己的关系、个人目标以及你希望它们以何种方式体现在生活中。

第二环是**个人关系**：与朋友、家人之间的关系。

第三环是**你在组织中的角色**：你的职责、专业、同事，等等。

最外环是**你在世界中的角色**：如公民、消费者、气候保护倡导者、旅行家，等等。

记下你在哪里跑得太快。它们在哪些圆环里，有未标记的圆环吗？

写下原因。这种飞速向前的想法是从何而来？是来自自身的激励还是他人的驱动？这种加速前进的压力是从什么时候开始的？（你是什么时候注意到它的？）你也可以写下自己特别的应对机制并说明它们是否有效。

现在看下你画的整张图。想想：人生中哪些部分是最需要减速慢行的？它们跟其他部分比，是否更容易减速？

最后，想想这个练习对同事、家人等是否有帮助，并分享给他们。

飞速演绎的旧剧本

哈佛大学在2010年的调查显示，除去睡眠，人们剩余时间的47%都在想着没有发生的事。那时触屏智能手机这种电子设备才刚面世三年，人们才刚开始适应这样的生活，殊不知十年之后，除了具备手机本身的功能，在电视、教育、银行、出行、饮食、旅游、约会、洗衣等方面都可以为我们提供便利。但是以上的每一个软件、每一个按键都造成了另一种干扰，那就是让你不再关注眼前徐徐展开的奇妙人生，而是看向别处。

如今随着经济爆炸式增长，自然人们也就想了解一切，开始全年冲浪、始终在线的生活方式。比如，今天我们认为亚马逊快递次日达是理所应当的事；因为接单的出租车司机未能在三分钟内抵达而感到失望；我们请别人办事，就为了节省五分钟"提高"生活质量。但别忘了，这些外包的活动曾经或给我们带来过欢乐，或是与亲友交流的好机会，因此我们更应该保留这"富有成效"的几分钟。

但最大的问题是，我们在这奔跑的过程中感到痛苦。千禧一代被称为倦怠的一代，在社会、教育体系、同辈和父母的压力下，我们更坚信一个已经固化的观念，即自我价值与工作量成正比。因此，我们应当全年无休地工作。

但千禧一代的问题还只是冰山一角。企业高管和经理也称自己的工作量越来越大。领导层在关心团队利益的同时也深受压力驱动，优先考虑季度回报而非长期发展；老师需要教更多学生、更多内容，教学环境更困难，教学资源一年比一年少；护理人员及其他服务人员因为工作负荷筋疲力尽；父母们"优化"孩子们的玩耍时间。这样的例子不胜枚举。

我们在小时候，就被灌输了这样的想法：我们可以，甚至是应该"竭尽所能"（这个说法在大家的旧剧本中有些许出入）。这种想法一方面可以鼓励大家满怀雄心、有所建树：确实不错！但同时也会让人觉得自己好像一直都不够完美：你还不够努力、挣得还不够多或还不够富有。言下之意就是：你还不够好，所以继续加速前行吧。

这到后来就成了一种自我折磨：不是说你没能力，但如果你能再努力一点，你在任何方面都会变得更好！矛盾的是，这种说法被心理分析师约什·科恩（Josh Cohen）称为"这是一种疲惫与不安的奇怪组合、一种对自我身份和成就永不知足的状态，因此我们觉得自己是奴隶而非主人，只有永无止境的工作才能实现所谓的最好的自己"。

虽然每个人的生活经历有所不同，但加速奔跑确实在现代社会中非常普遍。所有人，不论男女，都渴望"拥有一切""功成名就"。你跑得飞快，只为还上月度账单或赶超邻居炫耀的财富（不管是真是假），而你的邻居也是如此。问题在于这些奔跑的目标一直在变化，让我们束手无策，但这种无限循环看起来既无法阻止，也没人有要阻止的念头。

其实，放慢脚步和成功之间有着密不可分的联系，但人们对实现这两者的平衡倍感压力，因为我们生活在一个世界或者体系当中，无论有意与否，它都一定会阻止我们做出改变。

人生不是待办清单

你的人生其实不必如此。不是每个地方或文化都只强调加速奔跑、永不止步的。你是否考虑过什么都不做呢？

什么都不做不仅仅代表不工作。我们习惯将冥想、写日记等活动都归为"无所事事"，而参加活动、忙碌、思考则是"干正事"。我所说的什么都不做，指的正是字面上的含义：没有具体的行动、没有干扰、没有目标。我们要相信天是不会塌的。其实当你真正停下来欣赏天空时，才会发现曾经忽略的万里晴空。

何不试试什么都不做

在荷兰，"niksen"是一种受到社会普遍认可和文化推崇的概念，指什么都不做。这个词字面意思是"不做事"，或做一些没有任何意义的事。这是一种"敢于游手好闲"的态度。"niksen"一词意义深远。荷兰研究人员发现，经常"不做事（niks）"的人更少焦虑、免疫力更强甚至连想出新点子和解决问题的能力也增强了。"niksen"的关键就是要经常不做事（从每天两分钟做起），不关注和思考这样做是否有意义。

无所作为往往会带来最好的结果。

——小熊维尼

无为

中国道教始终提倡无为，意为"行动无为"或"付出最少的努力"。作为道教的核心，与荷兰的"不做事（niksen）"不同，无为拥有更清晰的战略性目标，即一种选择性的被动，强调在特定情况下，自身该如何适应，而不是一味控制。只有在放慢脚步，认真审视所处的局面时，才可能实现无为。

人们通常将无为比作一种"上善若水"的心境。它就像流水、树木或苔藓，不光可以根据风、石或土的形态弯曲、塑造、调整自己的外观，这种力量和适应性也是不慌不忙、长年累积而成的。

父母去世时，我的世界停滞不前，但同时又在加速运转。一方面，我有好多事需要想清楚，而另一方面，时间又静止了。那时的我既无事可做又忙得不可开交。我的心空了好一块，而我可以用忙碌或者悲伤将它填满。

那个时候，我"做"过最有用的事就是什么都不做。作为一个只想毕业并"开启人生新篇章"的年轻人来说，休学延毕这件事实属不易。身边的朋友已经毕业，而我还沉浸在悲痛之中。我的姐姐艾莉森（Allison）在无为方面做得更好：她在日历上写满了不确定的X（这几乎持续了两年）。我们站在如杂草般堆积的悲惨现实之中，用只有自身经历过才能做到的方式各自重新在这片土地上扎根。互不打扰，各自探索灵魂深处，才有了这样的改变。

自那之后的25年，整个世界都在加速发展，人们被裹挟着无法放慢脚步、实现无为。在所有人都感到焦虑和担忧的情绪下，最好的应对方式就是将无为融入生活当中，即停下脚步、做白日梦或安静地坐着。将自己置身于未知的巨大空间中，这种方式简单但意义深远，你可以思考并想象自己飞速向前究竟会通往何处。

无为而无不为。

——老子

实现成果的动机是什么

不知怎的，许多人就降落在了一个需要竭尽所能才能生存的世界。很多时候，工作都会填满我们所有的时间。为什么呢？

科技显然是一大元凶，我们只需掏出手机就可随时与外界联系。同时，现代大众市场的消费主义和自由市场资本主义助长了诸如"不够富有""不够优秀"以及由此延伸的"不够努力"等说法。始终让人们不满足，这就是消费主义的发展之道。但不论你是否接受这种言论，甚至可以说，只要看到它，你的心态就会受其左右。你是否质疑过这个世界的运作体系，是否像轮子上狂奔的仓鼠，以至于忽略了生活本身的意义呢？

放慢脚步的道路是曲折的，有时也令人困惑。现在的我已经做得很好了，并且意识到这是一个终生学习的课题。但长久以来，我心中还有很多困惑。

父母出事后不久，我就来到了一个岔路口。我想竭尽所能地奔跑，远离那些伤心事。而另一方面，现实将我拦在原地，残酷地提醒着我生命的脆弱。我是否应该加速向前，因为自己的生命也许很快也到了尽头？还是应当按下暂停键，想清楚自己前行的方向、逃避的现实或者奔跑的目标究竟是什么？

我选择了后者，尽管一些导师建议我坚持下去，直接攻读硕士学位，或去咨询公司或银行就职。在他们看来，我很有资质且已经准备好立即开始大展宏图了。那么各就各位，预备，跑！

但我不禁自问：我们赛跑的目的是什么，理由又是什么呢？

旧剧本在我的生活中随处可见。不仅是我对遵循旧剧本感到有压力，我还看到同龄人争先恐后地向着企业高层迈进。我是根据自己真正想要的去搭建前路，还是注定成为他人梦想中的一个小齿轮？是走我自己选择的未来道路，还是走别人为我选择的路？

22岁时，我一心想要以让父母骄傲的方式为世界效力。但是如果不了解于我而言真正重要的是什么的话，要怎么效力呢？如果无法放慢脚步思考这个问题，要怎么为之努力呢？

那时的我还没有想过这么深刻的问题，不过当时是这样的：我并没有去华尔街打拼，而是找了一份研究和指导徒步与自行车旅行的工作，先从意大利开始，然后不断发展。在几乎四年时间里，在对世界各地的人们如何生活的好奇心驱使下，我背着包四处旅行，四海为家。在途中，我遇到过荆棘，但也了解到了世界发展的第一手资料，与不同的文化进行了交流，并且可以自给自足。我的工资远不及华尔街的水平，但我的开销也相应少得多。我的生活节奏随着所行之处而调整，因此整个未来都发生了改变。

而改变这一切的，正是当社会说要加速奔跑时我却试着放慢脚步。停下来的做法看起来有些危险，因为我极度担忧自己也许活不过明天。但如果不尝试一下，我的处境可能会更加危险。自此之后，我会时常问自己和许多其他人：假设明天就要告别这个世界，你会想做些什么？没有一个人的答案是：加速

奔跑。

要知道，这样的故事不只发生在你我身上，这种加速前进的压力也在摧毁整个地球。忙碌、生产、消费、渴望更多，在这样永无止境的循环里，苦苦找寻出口的我们感到沮丧愤怒。

对商品的生产和消费速度越快，整个社会受到的破坏就越大。正如心理学专家蒂姆·克色尔（Tim Kasser）所说，我们越是寻找自身之外的幸福和满足，比如新车、新裙子这些让我们可以"通过购买和展示来摆脱悲伤情绪"的任何东西，我们就越可能会感到沮丧。商家告诉我们要不停消费，不要担心会有什么副作用。

但你是否知道，在市场滥用这个概念之前，它其实指的是破坏，比如"被火烧毁"，以及浪费，比如"挥霍无度"？

对于今天的领导者来说，快速奔跑的代价是很高的。处于危险之中的不只是个人幸福、企业成功以及经济稳步发展，更是整个支撑地球运转系统的存亡以及子孙后代的福祉。在这样的背景下，学会放慢脚步也可以解决许多其他问题。它几乎与旧剧本背道而驰，但却是避免世界崩塌的上策。

与其优化成果，不如着眼当下

我们可以用一种更好的方式重新审视与成果、可持续、变化世界之间的关系。而这种方式就摆在我们面前，它是新剧本的一部分。

新手们可以想象一下自己不是在优化成果，而是在优化当下（请放心，这并不是对你的生意、事业或生活方式的无稽之谈）。下面容我解释一下。

旧剧本强调对速度、效率和成果的优化。如果你能缩短5秒钟的日常工作时间，或在忙得不可开交的下午多打一个电话，那就算是胜利。参加的会议越多，自我价值或自尊感就越强。我们的耳边一直充斥着这样的声音：忙起来！要进步！要成功！

甚至在我开始编写新剧本之后的很长一段时间里，我都没有质疑过这种忙碌的状态是否合理。我只是随波逐流，在特别忙碌的日子里，我甚至还很开心。但经过进一步的观察，我觉得事情逐渐走偏了。当我放慢脚步深入观察时，我大吃一惊：等等，我们现在到底在做什么？我们怎么会奔走相告，说开更多的会更能让人流芳百世？又怎么自欺欺人，说省下5秒钟就能拯救我们的灵魂？

新剧本不需要计算会议的多少，而是衡量当下，即在某一时刻、某段经历或某个决定中全身心投入的能力。一次所有人都认真对待的会议要比一千次大家都心不在焉的会议更有意义。

从根本上讲，着眼当下指的是关注点和反应，这两者不同但又关系密切：你会对所关注的事做出反应。当你快速奔跑时，你很难集中精力。在你注意力分散时，你的关注点就会出错，这通常会扰乱你的反应。比如，你做出这样的反应是出于恐惧而非热爱，是蔑视而非同情，或者你会拒绝本可以点燃自己好奇心的对话。总而言之，你将问题和答案全都错置了。如果我们对问题产生了误解，甚至一跑而过，完全忽略了问题的话，那么问题的答案只会离我们越来越远。

但是解决的办法其实很简单：放慢脚步让你更有可能找到问题所在并做出正确的回应。但这还不够，你还需意识到时间的重要性：当你慢下来，你反而会有更多时间。

那要怎么优化当下呢？可以从以下方式开始，有的看上去平平无奇，而有的却不同寻常。选择你最感兴趣的方式，不要犹豫！越是不可思议的选择，越能反映出当前习以为常的做法是多么荒谬。

● **静止练习：**保持完全静止，坚持三十秒、一分钟、两分钟、慢慢延长到五分钟（或更长）。相比冥想，它其实更简单。只需你坐着，静下心来，看思绪飘向了何方。无须评价，只用静静观察。你的大脑是放松下来，还是加速运转？

● **静默练习**：无论是大自然的寂静还是呼吸转换最后的无声（瑜伽中的"止息"），都有助于平复心情。静默的场景随处可见，也许你要稍微找一找，但不难发现。每天花五分钟沉浸在静默里，其间要头脑放空。注意是什么留在你与外部声音之间的空间里。它又让你去往哪里呢？

● **耐心练习**：培养耐心是最难，也是最有效的放慢脚步的方法之一。选一件你认为会花些时间的事，比如等待预约，并在这个过程中不用社交软件、电话、填字游戏或其他事情打发时间，只是单纯地等待。你会觉得煎熬还是解放？

● **不做清单**：待办事项清单让我们始终在仓鼠轮上加速奔跑，而不做清单则恰恰相反。将两种清单都列出来，看看哪个更容易变化（我发现只要待办清单上写的是真正重要的事项，那么两个清单相结合的效果会更好）。

● **小假期**：头脑风暴一下，列出几个可以停下来的情况，不论是暂停一瞬间还是一个月都可以。这个简单的列清单行为可以减少压力。它也能建立一种空间感而非匆忙的动态感，并且提醒着我们可以用各种形式放慢脚步。

● **自然浴**：大自然是不断变化的一个微观世界，也是教会我们放慢脚步的特别导师。你可以去附近的野外，如森林、湖泊、空地，通过五种感官吸收自然精华。与徒步、捕鸟、野营都不同，这只是让你身处大自然。日语将这种做法叫作*shinrin-yoku*或"森林浴"。

● **科技安息日**：每周一次，暂停使用任何带屏幕的科技产品，如智能手机、电脑、平板、电视。如果一开始觉得难以接受，可以先尝试几小时，再延长到一整天。在这段时间里，可以用钢笔和纸记录下自我反思。

放慢脚步可以将你的注意力从外部环境转向内在世界，目的是真正倾听内心的声音，而不是转弯、看向别处或迅速跑开。这就是着眼当下：你可以与真实的自己相处，如果能慢下来倾听内心的话，许多问题的答案就会一目了然地呈现出来。

保护本钱

我第一次听到这个说法是在中国，当时我参加了一个由经历过大规模健康危机的全球企业家所组成的专家小组。他们谈到，当最周详的计划被健康问题所打乱时应当如何应对。换句话说，不论你的心态如何，身体都一直在记分。我们无法仅仅通过锻炼和改善饮食来应对疲惫、焦虑和倦怠。我们必须要找到导致这些健康问题的深层原因，并有意义地、持续地放慢脚步。

根据"保护本钱"的观点，如果心理受到伤害，那么身体也会有压力，这两者都无法良好运转。拥有更健康的心态，这也需要应对我们在快速前进过程中出现的身体问题。没有人可以快速痊愈，恰恰相反，加速奔跑实际上是致命的，所以我们必须放慢脚步。

保护本钱的第一步就是评估身体是如何坚持和体现快跑这一状态的。我认为这就像是小型体检一样，问问自己：现在感觉怎么样？身体的哪些部分在快跑？哪些在诉说？它们说的是什么？

这并不是要让你批判自己，也绝不会改变任何感受。这只是让你集中注意力，看看接下来会发生什么。我们说到疼痛，通常会认为只发生在脖子、肩部或背部。但说实话，你的胳膊、脚或肺部等身体的各个部位都会有疼痛的感受。心痛是真实存在的，不只是能与他人的处境共情，更是真切感受到自己的健康问题。

关注这种不适的感觉，与它共处，并深挖、了解背后的原因，再写下来。面对不适感，你是用视而不见的方式"解决"，还是给它足够的缓解时间？

身体以它自己的方式会不断地与我们交流，但我们却总是忽略这些信号。在不断变化的世界中，虽然身体发出的信号会让人捉摸不透，但它们都更需要被我们理解。

你最强大的身体工具就是呼吸。它就像把瑞士军刀一样有各种功能。它是连接内在与外在世界、身体与心灵的桥梁。当你在驾驭不断变化的环境时，每天坚持几分钟的呼吸练习就变得至关重要。

瑜伽也有益处。在21世纪，大多数人认为瑜伽就是锻炼身体。但在它出现的数千年间，人们都普遍认为瑜伽是没有体位的（身体姿势），而只有呼吸（气）和冥想。瑜伽一词意味着身体与心灵、个体与外界的"结合"。其目的在于平复内心的波动，而过去的修行者意识到身体需要达到协调的状态。身体只是一个载体，让我们可以平心静气，并与外界相连。

最近感官意识训练（SAT）非常流行，可以提高对感官的意识。训练包括许多内容，从"五感检查"（花一分钟的时间完全专注于五大感官），到"心理快照"（望向四周，然后闭眼，看看自己还记得住多少刚才所看见的事物），以及赤脚行走。

除以上正式的练习之外，还有一系列简单却有效的个人训练和习惯，可以帮助你放慢脚步，保护本钱：

- 吃慢一点，认真观察并享受每一口美食。

- 走慢一点，留意路上的点点滴滴：前方大楼外的绿植、草丛中的花朵以及人群中与你恰好四目相对的眼神。更有趣的是，你可以和小朋友一起走，让他们决定快慢，并跟着他们来一场探险。

- 能走路，不开车；能开车，不飞行，放慢你旅途的脚步。

- 能跳着舞到达目的地就绝不走路。与其规规矩矩地一步步前行，不如让整个身体引导你。（如果有人盯着你，那一定是因为欣赏你，你甚至还可以开个跳舞派对！）

自我逃避

今天有许多人都对放慢脚步有着一种原始的惧怕，认为如果自己不在快速通道，就会遭到他人的污名化、不信任以及蔑视。我们也有可能找不到自己对社会的价值，因为如果我们不是一直都在这条快速通道上奔跑，那我们的意义究竟在哪里？

除这个难题以外，人们手握的东西越多，要舍弃就越难。一个人通过活动和成就搭建起的金字塔越大，成就感就越强，哪怕内心深处非常痛苦。

在这个问题中缺了一环，那就是"做了更多"并不意味着有进步、有价值或有意义。哲学家蒂亚斯·利特尔（Tias Little）说过："从精神层面讲，快速向前和打钩待办清单中的完成事项是与进步背道而驰的做法。"根据他的说法，我们已经陷入了一个由科技、社会和期望所组成的"极速旋涡"之中。我们被困在了"生活的快速通道"，焦虑不安、内心沮丧。许多人已经对这种快速前进的状态上瘾，但满篇的日程不一定意味着成长，而极有可能是在逃避自我。

快速向前成了你的习惯，影响了你的思考能力、专注度、梦想和创造力。这种状态让你无法简单行事。它损害了你的神经、结缔组织和腺体，也阻碍了体内化学反应的正常进行。你的身体还在记分，而大脑却试图证明对你不利的生活节奏是合理的。

父母去世之后，我了解过放慢脚步的做法，但那时的我还在自我逃避，因此这也成了一个更加复杂的问题。十多年以后，尽管我慢下来沉浸在悲伤当中，但我的生活仍然是"快节奏的"。长时间工作、一年出差二十几个国家，有时顺便会去更多地方旅游、全身心投入力所能及的每件事上。表面看上去，我完成了所有的工作（或者至少许多的工作），但我的内心依旧不安。我取得的外在成就越多，内心就越焦虑。我的根基尚浅，我也知道总有一天会被风吹得七零八落，他人给予的任何外界（经济、专业、名声等）安全感和保证都无法阻止这一天的到来。

最终是认知行为疗法（CBT）和眼动疗法（EMDR）解救了我，那时我才发现自己的焦虑和对快速奔跑的痴迷是多么严重。这让我的生活彻底发生了变化，同时在接触其他社会和文化时，我发现许多人都存在这样的问题：焦虑与成就高度相关。

我曾经也属于领导圈层，那里的每个人（代表不同文化）都感到焦虑且无法妥善解决这个问题。我常常看到成功人士濒临崩溃的边缘，却依然在向前奔跑，因为他们不知道还能做点什么，他们非常害怕或出于惯性无法停下脚步。即使是那些个人目标清晰一点的人也常常沉迷于快速奔跑的状态，总是对身体的疲惫视而不见。毫无疑问，这并不是生活该有的样子，对企业发展或社会繁荣都不是一个好兆头。当务之急是放慢脚步。

慢思考，晚判断

慢就是稳，稳就是快。

——美国海豹突击队格言

放慢脚步不仅会强化身心健康，也有益于你做出更明智的

决策并取得更好结果。

日常生活中，如何思考，如何快速反应都会影响人际和职场关系的走向，比如引发或是平息一场争论，投资是否明智，是否修复了友谊或能否赢得一场比赛。长此以往，你对时间的把控能力就会对生活的展开方式产生深刻影响。

研究一再表明，无论何时，都尽量不要着急。换句话说，你等待的时间越久越好。这并不是拖延症的表现，而是可以让你观察、评估、感受、处理、行动还有暂停，等等，以便取得最佳结果。

放慢脚步与普林斯顿大学教授、诺贝尔奖获得者丹尼尔·卡尼曼（Daniel Kahneman）的《思考，快与慢》（*Thinking Fast and Slow*）的观点不谋而合。卡尼曼指出，我们听从太多思考快而浅的人所说的话，太少思考慢而深的人所持的观点。太多时候，我们都是匆匆忙忙地过完一整天，根本没有时间思考、学习和改变，这些正是让我们为了更清晰思考所需要做的事。

快跑时，我们会习惯性地陷入快速思考模式：快速反应，并选择自己熟悉或本能感到舒服的做法。但卡尼曼告诉我们，快跑也许会让人显得很聪明，但是并不会变得明智。选择自己习惯的做法意味着与新生事物擦肩而过，这并不利于你应对不断变化的世界！

放慢思考的能力与反应快慢是直接相关的，这一结论在许多实践里都惊人的相似。《慢决策：如何在极速时代掌握慢思考的力量》（*Wait: The Art and Science of Delay*）的作者弗兰克·帕特诺伊（Frank Partnoy）称，"我们在反思决策上花的时间决定了自我认知……明智的决策需要反思，而反思需要我们停下脚步"。

帕特诺伊探讨了从温布尔登网球赛到沃伦·巴菲特（Warren Buffett）的投资组合等各种情况下的延迟行为。事实证明，顶级运动员采用的"一看、二想、三出手"的策略也可用于个人和商业决策中。这需要我们能够放慢脚步和时间。对网球运动员来说，这是在看到球和击球中间的瞬时停顿。对战斗机飞行员而言，这是OODA循环（观察—调整—决定—行动）。而对普通人来说，则是伤害他人感情和真诚道歉之间的停顿。

但在今天这个快速发展的世界中，延迟判断可以减少危险。举个例子，我在做创业顾问时，看到了许许多多的企业家竞相追逐风险资本。不论他们的想法是绝妙、大胆，还是平平无奇，他们都会争先恐后地寻求投资，好像风投业（还有他们的名声）明天就要倒闭了一样。

但根据我的经验，那些最先得到个人或公司投资的企业家往往苦不堪言。创始人和投资者都没有花足够时间，完全了解彼此的理念、期望或职责。比起诚信，他们更看重一串串数字。他们被快速回报的承诺所蒙蔽，完全忘记"创造价值需要时间"这个现实道理。

这与慢钱的概念形成了鲜明的对比："耐心的资本"是优先考虑长期、可持续的投资，而不是赚快钱跑路。当变化来袭，你选择哪种投资方式？

放慢脚步可以帮助你慢下来思考并延迟判断，这两者都能让你管理自己的时间，而不是被时间牵着鼻子走，也会让你在生活中展现自己最好的一面。

一般来说，坏事来得都快，好事来得都慢。

——斯图尔特·布兰德（STEWART BRAND）

从错失恐惧症到错失享受

2004年，哈佛商学院学生帕特里克·麦金尼斯（Patrick McGinnis）在一篇关于社会理论的博文里首次提出FOMO（错失恐惧症）和FOBO（更好选择恐惧症）的概念。他认为，绝大多数哈佛商学院的学生都受到了FOMO和FOBO的困扰，导致出现了令人匪夷所思的社交计划和行为。

领导力的快与慢

● 想想自己典型的决策风格：是速战速决还是深思熟虑？

如果行动迅速，你是否考虑了潜在盲点？

如果行动迟缓，你是否对何时为最佳时机有所判断？

● 思考自己的领导风格：你会希望同事和合作伙伴也采用这种办事节奏吗？为什么？

● 回想之前做决定比预计时间长的情况。你在这段时间里发现、分析和学习了什么？对你的行为产生了怎样的影响？

　　现在，FOMO已经是一个家喻户晓的词了，所有人都害怕错失。

　　他们的心理活动大致是这样的：科技将彼此紧密相连，更容易与他人分享自己的动态，也更能看到、听到、了解彼此的现状。当我们通过科技接触到更多人、地点、活动时，大脑会做出反应：别人做的这些事你都没做！其实再擅长一心多用的人也只能在某一时间、某一地点真正做好一件事。

FOMO和FOBO让大脑无法正常运转。当它们影响到我们的生活节奏时，这种恐惧感就会因为害怕慢下来而加剧。如果真的慢下来了，我们会落后、输掉比赛，而FOMO/FOBO又会循环出现。

麦金尼斯认为FOMO听上去很荒谬，但却是真实存在的。他起初提出了一个类似的说法：害怕做任何事，或FODA（他将其描述成一种麻痹的状态）。害怕做任何事一直不怎么为人所知。相反，他被另一种更乐观的现象所取代：JOMO。从此害怕错失就变成了享受错失。我们可以换个积极的角度看待错失恐惧症。无须加速奔跑，无须烦恼尚未做的每件事，而是放慢脚步，享受当下。在与《精要主义》（*Essentialism*）作家格雷戈·麦吉沃恩（Greg McKeown）的访谈中，麦金尼斯提出卸下错失恐惧症包袱的"三步走"方法。

1.注意下一次感到FOMO的时候。

2.问问自己，"这究竟是出于嫉妒，还是内心深处真实的想法？"

3.下周留出一段时间，深入思考这种情绪。

我与FOMO和FOBO斗争多年以后，才发现这些情绪让我感觉多么糟糕。在我试图克服它们时，我会用一个非常简单但有效的练习：创造和保留观察空间。我现在都还经常做这个练习，屡试不爽。

在我们感到FOMO的时候，生活就变得像俄罗斯方块游戏一样，需要尽可能地将生活填满。而创造和保留观察空间却完全相反。以下是练习建议：

- 留意你在空隙间的感受

- 留意自己的呼吸

- 留意音符间的空格

- 留意树叶间的缝隙

- 留意你所发现的打开的空间

当你培养起放慢脚步的超能力时，自然就会开始享受JOMO了。也许你会发现之前的那种嫉妒已经化为善意。今天，我很喜欢身处变化之中，但也享受内心深处所留出的空间。一旦开始享受错失，那么很难不去帮助其他人也放慢脚步并抱有同样的感受。

什么玫瑰

那些质疑放慢脚步、什么都不做以及享受错失的人说："啊，我明白了。所以我们现在停下来，多闻闻玫瑰花香就好了嘛！"虽然我确实认为，如果我们能更多地欣赏自然之美，

那么全世界都会变得更美好，但以上说辞严重低估了超能力的潜在益处。

生活不可能一直都是慢节奏的，也会有快马加鞭、心血来潮或为梦想秉烛夜读的时候。这些是即使耗费了精力也值得珍藏的时刻。

然而，更大的问题和担忧则是，在快速前进的过程中，我们没有且无法进行有意义的交流、找到真正有创造性的解决方案或者完全表达或接受爱意。乔治·巴特菲尔德（George Butterfield）的旅行社标语就叫"放慢脚步看世界"，他认为："以上的做法不可能在700英里①/时的速度下实现！在学校、组织或晚餐桌上能听到这样令人激动的交流吗？"在高速奔跑时，我们不仅完全错过了路边的玫瑰（甚至会问：什么玫瑰？），甚至子孙后代会继续将这种倦怠、飞速和不可持续的商业模式"发扬光大"，直到濒临崩溃。

我们在展望身处变化的未来时，这种加速奔跑看起来就更加危险。在不断变化的世界里，我们必须放慢脚步：不为终点目标，而为自身成长。

---

① 1英里约等于1.61千米。——编者注

反思时间

1.你认为，生活中的哪些部分节奏太快？

2.你"需要加速向前"的想法从何而来？是自我的鞭策，还是他人的要求？

3.你是什么时候开始对加速奔跑感到有压力的？当时的你是否注意到了这个问题？

4.你通常使用的解决方法是什么？哪些是最有效的？哪些又需要替换或舍弃？

5.如果你放慢了脚步，你认为自己会有什么样的发现？

请注意在读本章过程中你的思维发生了怎样的变化，并带着这些新的理解开启下一章。

第二章
关注不可见的事

✛

真正的发现之旅不在于寻找新大陆，而在于用新的眼光看事物。

——马塞尔·普鲁斯特（MARCEL PROUST）

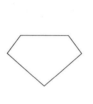

在我的职业生涯中，我曾到南非工作过好几次。多年前，我第一次到南非是为了与小额信贷机构和普惠金融方面的政策制定者展开合作。最近我做了一项关于当地共享经济的全面调研，以便更好了解具体的参与者以及这个国家是如何看待"共享经济"这一概念的。

我在南非出差的时候，不管是坐出租、去商店，还是观察当地人，都会听到"sawubona"这个词。它是典型的南非人口最多的民族——祖鲁族的打招呼用语，意思是你好。

sawubona这个词念起来既温柔又有韵律，需要翻动舌头发音。我为之着迷，因此问了路上遇到的人，想深入了解这个词。后来才知道，sawubona虽然翻译为你好，但它实际的意义远不止见面用语。

sawubona字面意思为"我看见你"。我看见你的一切：你的尊严和人性，你的脆弱和骄傲，你的梦想和畏惧，你的能力、能量和潜力。

我看见你、重视你。我接受你的一切。你对我而言很重要，你是我的一部分。

在祖鲁族传统里，看见不仅是一种简单的视觉行为。

sawubona的意义更不只限于"你好"。它邀请我们看见并真切感受到对方的存在。而回应sawubona的常用说法是shikoba,意思是"我为你存在"。

当我们说你好时,我们究竟指的是什么?这种超越视觉的行为是与生俱来的,还是我们需要学习的能力?

我们掌握了这种能力后又会发生什么?

超能力:看见不可见

当你感觉人生道路变得模糊或未来充满不确定时,就把目光从看得见的事移到看不见的事上吧。

孩童时期,我们就常常被教育要目视前方,瞄准一个目标、一个终点或一个具体的成就。学习、运动和课外活动样样精通,以尖子生的成绩顺利毕业。这些具体的里程碑事件绝大程度都是由文化、准则以及所处社会的期望所设定的。这些要求铺就了未来的发展道路。

当我们一天天长大,也许能力和眼界都有长进,但关注的东西却越来越少。不久以后,我们从孩子长成青少年,再到青年,希望在一个领域大显身手,却甚少愿意涉足其他方面。总体来说,成年人也进入了一个个社交圈,让我们一直处在自己的舒适圈和屈指可数的群体中。我们进入一种规范体系：从消费文化到教育大纲，从公共医疗到政治党派，这样的系统确保我们掌握了一定的知识，然后将剩下的舍弃、忽略或试着隐藏。

在这个过程中，每个人都受过训练，无论是自主与否，都只能看到一部分事物。你看到的一切都会被纳入剧本，我看到的也是。在这个过程中，我们每个人又会被再一次训练，无论是自主还是被迫，都看不见其他的东西。我们只关注部分植物的生根发芽，忽略其他植物是否也成长。这是一个普遍的现象，并不是对某一文化或观点的批判。这是每个文化、每个人都面对的现实，没有一个人可以看清事情的全貌。最优秀的人所能做的就是注意到这个问题，然后开始关注被自己忽略的事物。

别误解我的意思：社会规范有着很重要的意义。它可以确保人们在成长过程中拥有价值、技能、关系和贡献社会的能力，可以保障社会治安。但总体来说，社会规范仅代表一种看待世界和在这个世界的生活方式，只是无限宽广的人类频谱中的一小段。

但当世界发生了天翻地覆的变化时，这种有限的关注就会显现其弊端。它会将你悉心养育的植物连根拔起。其实改变越大或眼界越窄，这种巨变的破坏力就越强，供人们重新找到平衡的选择就越少。

父母去世后，我曾一度"失明"。我的眼睛虽能睁开，但却"看"不见东西。我感到迷茫，悲痛和不确定性像雾一样笼罩着我。我一路摸索，连路和边上的围栏都看不清楚。我错过了曾经失去过、现在已经看不见的东西。我花了些时间学习用不同的角度看问题、透过眼前事物看到所忽略的事。不久后，雾气尽散。并不是说我又可以看见它们了，而是我可以看得更清楚了。我的视力极大地提高了。

今天，也许包括你自己在内的许多人都在怀念不复存在的事物。这是一种空虚感：既没有过往的沉淀，也不知道未来的走向。你也许有这种感觉，或者难以确定。你也许很难想象，更不必说看见一个完全不同的未来了。你会感觉，自己的影子也无法了解你究竟是谁、究竟想做什么。根据旧剧本，以上的问题都是不可见的，但它们却真实存在。

我们每个人都会受到自己所见所闻的启发。但在流变世界，这种原则就行不通了。我们如何超越自己所能看见的，并从无法看见的事物中获取启迪？如何试着换个角度看问题，并让不可见变成可见？这些问题的答案都与你的新剧本息息相关。

实际上，流变世界需要一个新的剧本，需要我们所有人都能看得更广。我们可以看到处在边缘的、颠倒或翻转的、一度被忽略的以及那些我们被教导认为不存在的事物。

学会看到不可见的事物不代表没有重点或忽略可见的事物。事实上，恰恰相反，这是一种能力，需要你调整目光，看清全局，并真正理解所看到的一切。当你学会看到不可见，那么你会更容易拥抱今天的改变和充满未知的未来。

你的社会和文化导向决定了你的所见之物和方式

纳米比亚西北部的辛巴族拥有对小细节的惊人注意力。辛巴族是半游牧部落，以放牧为生，并通过自己的牛群数量来衡量财富的多少。传统辛巴人有着超乎寻常的注意力，他们全神贯注，与更"现代"的文化比，他们更能忽略干扰物。辛巴人这种独特的能力是源于识别每只牛身上标记的需要，还是由于日常生活中没有现代科技使他们更不易分心？

北美洲的易洛魁部落认为，所有人类、动物、有生命和无生命的自然界万物都拥有一种叫奥伦达的无形能力。奥伦达集合了自然界的各种能量。所有拥有奥伦达的人或物都能以某种方式交流。风暴、河流、岩石和鸟类都与人类一样拥有奥伦达。

决定你的不只是你所见到的，还有更多

停下来想一想你究竟看到了什么，是怎么看到的。

你可以想想：

当你和别人第一次见面时，你问的第一个问题是什么？

在面试中，你会更多谈论简历上的职业经历，还是其他的生活经验？

当你和别人第一次见面时，你觉得他们可信任吗？

你认为无法衡量的事物就不存在吗？

你认为资本主义是强大有益的还是压迫不公的？

空旷的空间是激励你还是令你感到厌烦或害怕？

你认为表达脆弱的行为是勇敢还是懦弱？

你是否遇到过传统战略模式下"难以看见"的挑战？

如果开车时只能用一种灯，你会选远光灯还是雾灯？

你是否感觉到生活中缺少了什么东西，或者有什么在等待着你，但你又无法完全确认是什么？

如果以上任何问题让你感到好奇或你认为看起来有道理，那么本章的内容非常适合你。

奥伦达也是易洛魁人幻想探索的一个重要部分，通过仪式为每个部落成员都赋予个人守护神。这种认为力量是可见或不可见的观念是如何影响我们的处事方式呢？

在日本，satori（悟り）是禅宗术语，意思是觉醒。它源于日语动词satoru，意思是"了解或理解"。satori也与kenshō相关，kenshō意为"看清一个人的本性"。Ken意为"看清"，shō意为"本性或本质"。丰富的词汇、传统以及鼓励看清自己内心能否帮助日本人看到（至少部分）不可见的事物？能否帮助他们拥抱变化？

所有的剧本没有高低之分。辛巴族、易洛魁族和日本传统是由不同文化书写而成的剧本，但它们都承认看不见的部分，由此引申了新的理解。

无论我们身处哪种社会，我们的思考方式都是深刻且广泛的。社会结构决定了我们该如何养育孩子（是由父母、亲戚、保姆，还是整个村子），如何合作、如何组织经济活动，反过来，经济学如何组织我们。

比如，中国人、日本人以及大部分的亚洲人都更像是集体主义者，而西方人则像个人主义者。显然，集体主义社会重视集体间的相互依赖和社区福祉、"我们"的意义比个人独立性和"我"更重要。集体主义文化一般强调社区群体间的合作和共同解决问题，而个人主义文化则倾向于通过个体能力实现这些要求。以上都是笼统的说法，当然其中还有一些特例，但总体来说人们都普遍认同这些差异。

重点在于，这些社会倾向从根本上影响了我们看待事物的方式。比如，生活在集体主义社会的人在解决问题时，会优先考虑社会形势和大背景。他们会直接关注个人无法控制的整体关系和体系间的相互作用。如果让集体主义者描述一幅图画，他们会花更多时间解释整个背景和环境。

然而，在个人主义社会长大的人则会倾向于关注单独的元素，尤其是一幅画中的主要形象（甚至儿童绘画也会强调"我"，而集体主义社会的儿童画作则涵盖更宏观的内容。在孩童时期，我们就受到社会导向的影响了）。个人主义者认为大环境是固定的，无论发生什么改变，那都是个人努力和个人意志共同作用的结果。

除了文化，职业也会影响一个人看待事物的方式。仅以农业为例，种水稻这种劳动密集型工作相比种小麦更需要合作。种水稻依赖的是跨越许多稻田的复杂灌溉系统。其中邻里合作至关重要，没有一片稻田可以独立生长。相反，小麦种植靠的是降雨而非灌溉，这只需动用一般的人力，而农民们也无须相互合作，只需管理自己的作物即可。但种植小麦的农民又比牧羊人更需要合作，牧羊人只需看好自己的羊群（尽管有一套受到文化认可的放牧准则）。

那么这一切与变化又有什么关系呢?

当变化来袭，我们会默认使用自己的社会和文化剧本。我们所有人看到的和没有看到的都是源于剧本的内容。但如果你不能看到脚下的基石是什么，那么前行之路将举步维艰。你也很难开展下一步行动或判断最佳方向。

发生巨变的世界让每个人都有机会思考一系列新的解决方案和观点，并更新我们的剧本。你应该放眼一切：可见的与不可见的、有形与无形之物、你面前真实存在的和你想象的。为什么? 因为你的视野越广阔，你就越能拥有更多潜在的解决方案。你的世界观越全面，你就越有能力帮助、服务、创新……以及成功。

检查你的特权和选择

在学习看到不可见事物时，特权是一个棘手的绊脚石，它蒙蔽了人们的双眼，限制了对剧本内容的认知，让人们看不到全貌，只一心向前，不闻左右事。

特权并不是一个以偏概全的概念。有的特权是你生来就有的，也有认识的人给予的、通过自己努力以及单纯运气好所获得的特权。比如特权可以是获得大学学位、付得起大学学费、受到鼓励或有榜样、和接受高质教育的人生活在一起、身体健康、拥有学习能力强和充满想象力的头脑。

克服特权所导致的盲目性，需要了解特权带来的不平等。但仅仅了解特权还不够，还需要有意地发现那些隐形的事物：挑衅特权，即使这会让人感到不舒服。

同样的情绪也会存在于选择中。选择指的是一个人拥有权力、权利、机遇或选择的自由。当一切都平等时，一个人的选择越多，就越能应对改变和不确定性。选择性是指拥有尽可能多选择的能力。选择性的增加可以通过开放心态、拥有多个备用计划以及扩大视野，看到更多可能性来实现。

我们每个人每天都会遇到新的选择，其中许多是琐碎的、不会改变生活走向的。但在变革的时代，我们遇到了更多的、包括更可能改变人生的选择，那些我们会问"如果发生了会如何？"和"如果现在不发生，那会是什么时候？"的选择。

一般来说，特权越大，选择越多。但问题在于，如果你还没学会看到无形的事物，那么特权一定会蒙蔽你的双眼。你越觉得自己会失去某些东西，就越可能失去。

你的世界观让你能看到什么，又看不到什么

花点时间思考最塑造你的世界观的人和事：比如父母或监护人给你灌输的价值观、住所和学校在哪、朋友是谁、专业和志向以及你对未来的信仰。可以从下面的几个问题着手：

你觉得恐惧是什么样或感觉恐惧是什么样的？

在你受到的教育中，你是惧怕还是拥抱变化？

在你受到的教育中，你是要先信任还是先怀疑？

你是否被鼓励与喜欢你或与你不同的人交往？

特权多大程度上蒙蔽了你的双眼或让你看不到事情的全貌？

什么东西从你的世界观里被抹去了？又有什么从剧本里消失了？

特权和选择体现在生活中的方方面面。就我而言，父母去世让我清晰地认识到他们健在时自己所拥有的那些特权，并带走了我的一些可能的选择（如对未来家庭结构的期望）。同时，我开始重视一些特权，如健康、教育、竞争和好奇心，也

获得了新的机会（比如组建家庭、开拓之前从未想过的职业领域），有些机会本不会出现在我的生活中。

也就是说，要想在流变世界中茁壮成长，就要让自己的选择多一些，包括改变思维方式和优先事项的选择。有些选择今天可能看不到，还有一些也许被特权笼罩住了。但当你能够不受特权影响时，你就可以看到前方更丰富多彩、更有意义的未来。

你如何看待他人：消费者和公民

你是否曾停下脚步，真正思考过消费者这个词？也许有，也许没有。这个词总是被人们毫不顾虑地滥用。

许多人认为消费者这个特定术语涵盖了我们自己以及日常生活的方方面面：我们设计、购买及使用的产品和服务、如何保养身体、学习和游乐以及我们消费的新闻和信息——说来让你感到惊讶！这个词不仅限于传统的"消费品"，比如早餐谷物、智能手机以及汽车，我们如今也可以"消费"教育、医疗、娱乐等。

今天的社会是由追求过度消费的消费者所驱使的，但并不总是如此。

其实在人类历史的大部分时期，消费者一词并不是用来描述，更不是用来诋毁任何人的。今天的超级消费者文化只有一百多年的历史，也就是随着大众营销的出现而开始的。大众营销本身是工业革命时期推出大量新兴产品的产物，这场革命以无数积极的方式使社会转型，同时也微妙地改变了人们的自我价值认知。过去我们认为自己是为社会做出贡献、帮助他人的人。随着消费者大众营销的出现，我们将自己看作消费者，主要工作就是消费。因此，一个由消费者驱动的新剧本就诞生了。

但就像我们在第一章所说的那样，"消费"的原意是"破坏"。比如"被大火烧毁"。在英语中，消费一词也指肺结核。而在拉丁语中，消费意为耗尽、浪费、结束。

看不见的技能

■ 你是更相信自己的理智还是情感？

■ 在招聘新员工时，专业技能、善良以及人际交往能力，哪个最重要？

■ 当同龄人让你向右转时，你会反而想向左转吗？

■ 你能察觉到不可见的图形吗？

■ 你是否生活在无形的规则中？

大约过了一个世纪，这种消费者的破坏性迅速蔓延：我们的腰包被掏空了，整个地球的资源也面临枯竭的风险。

我们听到的教诲是要遵循这个老派、古板、危险的剧本，只为保证经济不受影响。消费，消费，还是消费！有的人甚至已经开始认为，相比投票，自己的购买决定会对社会产生更大的影响。想想是否如此。

在今天这样的世界，我们被当作至高无上的消费者，或正如未来学家杰里·米哈尔斯基（Jerry Michalski）所说，今天的人们是"带着眼球和钱包的食道"。我们被灌输这样的观念：只要我们继续消费，一切都会顺利运转。

但事与愿违。

当我们长期被当作单纯的消费者时，就会影响我们思考和处事的方式，从而影响我们看待事物的方式。比如，我们认为购买要比投票和定义自身价值的事物更为重要。就社会层面而言，我们追逐各项指标，比如GDP，它只衡量用货币的方式"看到"的经济活动。但GDP无法"看到"支撑着我们经济和福祉的一系列最具价值的活动，比如养育子女和志愿活动这种

"看不见的劳动"，以及共享（而非私有）资源这种"看得见的价值"。

当我们按照这种消费者剧本生活时，我们也让自己学会视而不见：不看消费所产生的全部影响，不看正处在水深火热的人们，甚至不再看向前方更明亮的道路。

在我们争相消费时，我们早已失去真正重要的东西了。在巨变来临时，我们幡然醒悟、重回现实。在破裂的缝隙中，过去看不见的东西映入眼帘。

从许多方面可以看出，今天的很多人都正处于这种觉醒的状态。我们摆脱了旧剧本的蒙蔽，问道："为什么我们看不见自己、家人、社区以及半个地球上的人发生的事呢？如果我们看见了，为什么无动于衷呢？"因为不管自愿与否，我们都参与了全球消费者灾难。

摆脱这种困境的一个方法就是开始把彼此看作公民和人类，而不是当作消费者（这里的公民不是护照和边境意义上的，而是指社会的参与者和变革者）。这是一个新剧本，变化虽小但影响深远：我们不再仅仅是被动的购买者了，而是主动的贡献者。我们一起负责任地领导，而非盲目跟从。现在我们打开流变思维来发展超能力并书写新剧本。

在你的新剧本里，先问问自己：你更想让别人把你当作一个消费者，还是当作公民和美好品德的催化剂？除了"买东西"，你希望自己能传承的东西是什么？

根据我的经验，意识到你是如何被看待（以及忽视）的是很艰难的一步。但一旦你做到了，你就会看到你在所有地方采取的方法：从你支持的公司到使用的语言，从对线上购物的思考到走在街上注意到的东西。

对于以消费者为中心的企业领导来说，是时候审视自己的营销策略和商业模式了。这也是确认自己的任务是否与新剧本一致的黄金时间，如果不一致，那么是时候换一个新计划了。

空地

随着"黑人的命也是命""我也是"等运动，以及对社会体制更广泛的思考，哈佛商学院教授劳拉·黄（Laura Huang）开始审查MBA一年级推荐书单和课程。她的发现并不令人惊讶，但却让人深思：书单中的所有书都是由白人男性作家所写。

同时，《历史上最好的100本商业书》（*The 100 Best Business Books of All Time*）的联合作者托德·萨特斯滕（Todd Sattersten）也在进行个人反思。他认为自己思想进步，但也在思考一个问题：这个书单中有多少作者是有色人种？他在编写这本书时只是试图找到最有名的书，但并未注意具体的人种问题。答案同样令人担忧：零。

在商业世界及以外的地方，对提高性别多元化的要求和呼声并不是什么新鲜事，但却无人真正理会。总的来说，女性、黑人、拉美人以及其他少数群体的需求很难，有时甚至不可能被发现，或被看见。

这并不是说他们不存在，只是长期以来，他们都被忽略、被边缘化且未被纳入剧本。

值得一提的是，新剧本提到了一个明确且彻底的特权，即多元化、公平性和包容性（DEI）。

女性和有色人种一直都在，并且努力做着自己的工作。他们是如此显眼的存在，却少人问津。他们的呐喊声被屏蔽；一些最优秀、最聪明的人也被掩盖。他们被边缘化，仅占据着周围的大片空地。

我们看看正中间那些CEO们，"登上梯子顶端"的权利结构，以及"知道怎么玩游戏"的标准，我们看到的不只是全貌的一小部分，还是非常过时的那部分。这就是旧剧本在起作用。但实际上，我们在外围和空地才能发现真正的行动、意义以及进步（第六章也会提及这一点：爬梯子已经是过去式了）。

作为未来学家，我能理解这种动态，因为在某种程度上，塑造未来的力量在成为主流之前总是会处于边缘状态。过去很多年，"主流领导"都坚信移动电话永远不可能超越传统的固定电话。但今天的移动设备的数量几乎是世界人口的两倍，而固定电话很快就会成为文物了。

主流想法也认为流行病只是一种外围威胁，直到新冠疫情在短短几个月就影响了数亿人，给全球经济造成了严重冲击。所以，有时候外围事物也会以迅雷不及掩耳的速度成为主流。

我的观点很简单：我们要更善于看到并欣赏外围和空地上的事物。这不仅是一个公正公平的社会所需要的，更是因为真正创新的想法都源自那里。

空地是一个理想场所，也许也是将新的可能性焕发生机的唯一场所。

劳拉·黄（Laura Huang）看到了这一点。她知道，在那些处于传统MBA课程核心的白人男性周围人才济济，他们在商业战略、金融、投资、企业理论、管理以及领导力方面的见识卓越却无人知晓。

所以她创建了"完美平衡的MBA阅读书单"，里面涵盖了女性和有色人种（当然，为了实现平衡，也包括白人男性）。这些作家观点都很新奇，他们从侧面看待商业和生活，并不把

"击中靶心"作为目标，因为他们认为那样做已经过时了。他们正在书写新剧本，内容包括打造一个更大、更包容的商业和其他领域的未来。

学会看见

从许多方面来看，今天的世界就像是一个巨型的案例研究，让我们学会看向哪里，从根本上说，学会怎么看。当改变来临，那些能够找到新的解决方案的人更善于驾驭不确定性，并成为有担当的领导者。但对超能力夸夸其谈是一回事，要真正培养起来就又是另一回事了。我们下面来看几个简单的入门技巧。

拓宽你的周围视野

周围视野是你除通过直视以外看到物体、运动以及机遇的能力。你可以将周围视野看作是对未留意事物开始关注的意识。

如今，大部分人都高度关注处于正中心的事情：手头的工作、下一项日程、本季度收益或只是熬过这一天。我们常常注意不到周围或眼下发生了什么，也许是没有时间，也许是不确定望向何处。但如果你能看到除正中心以外的事物，你就会开启一个充满新见解和惊喜的世界。

周围视野不只是新的观点或找到答案。事实证明，当你感到焦虑时，你的周围视野就会变窄。如果你担心自己的工作、学业、经济状况、期望、与朋友和同事的关系或任何事，这样的情况就会发生。结果也是一样：你的舒适感和创造力就会减弱。

拓宽周围视野让你迎来新的天地、想到解决方案并减少焦虑。但这并不是自然而然就发生的，而是一种你必须培养的技巧，也是必须练习的超能力。

我们的祖先比我们对周围视野的运用要频繁得多。周围视野的进化是为了捕捉行为，而不是关注细节（那是视觉中枢该做的事）。换句话说，周围视野善于捕捉进入我们视野的事物，但难以辨认它是红是蓝、是软是硬、是敌是友。我们的祖先只需要通过周围视野识别出来这是"危险警报"，然后就交由视觉中枢处理即可。

但在今天，我们的周围视野已经退化了。曾经，我们的生存还要依赖周围视野的快速反应。但是今天的我们却在各种电子设备之间来回奔波，紧盯着那比面包片还小的屏幕上的短信和文章。

换句话说，在周围视野恰好可以帮助我们的时候，我们把它弄丢了。

所幸我们还可以找回来。我们可以重塑并加速发展这种能力。

想要重拾基本技能，需要尝试以下的简单练习：

把手摆在面前，将两手的拇指放在耳朵上。其他手指以耳朵为轴心，向两侧耳后展开，直到看不见它们为止。开始将手向耳前摆，直到你能用余光看见。那就是你的周围视野。认真观察，看看有什么是你之前没有注意到的？

你也可以在你不需要高度集中注意力做事的时候做这个练习，比如眨眼、摇头、转圈、走路、阅读等。

或者你也可以尝试其他姿势进行练习，如爬树、双手倒立或只是弯腰触碰脚趾。接着再看看你保持这个姿势时的视线。快速回答，你看到的还是同样的场景吗？有什么是你之前向上看时没注意到的吗？

我坚持练习倒立已经四十几年了。从儿童体操变成了现在对"颠倒"的由衷热爱，并且练习倒立根植在我的性格中了。它让我转换思维，看到更精彩的内容，可以让我身体更灵活、头脑更敏捷，而且倒立还很有趣。何乐而不为呢？

拓宽你的周围视野并不是什么灵丹妙药，但却能让你看到

更多、更好的事物，舒缓你的焦虑。这是个很好的开始。

（重新）评估你的意图

今天人们有无限的方法隐藏无形的价值。很多时候，你看见与否取决于你是否愿意看到。

比如，我们把人们当作消费者还是公民归根结底取决于我们的意图：

● 如果你想让人们购买自己的产品或者点击自己的广告，那就是把他们看成了消费者。

● 如果你想帮助、创造、服务并支持他人发挥潜力，那就是把他们看成了公民和合作者。

我们将自己看成主动还是被动的生活参与者也取决于意图：

● 如果你依赖旧剧本，或者认为不管做什么都无法改变现状，那么你可能停在原地、默不作声并担心接下来发生的事。

● 如果你打开了流变思维，并认为自己的流变超能力可以培养起来，那么你就看到，你已经开始运用这种应对改变的能力了。

不管我们是寻找答案，还是解决方案，都还是取决于意图！

● 如果你提问是为了评价或批判，那么很遗憾，你通往心灵的大门已经关上了。

● 如果你提问是出于好奇，那么你很有可能学到新的东西（包括问更有质量的问题，并质询自己的假设）。

重新评估你的意图对于打开流变思维来说非常重要。正如珍·古道尔（Jane Goodall）所说："你的行为能影响改变。你需要确定自己想要改变的究竟是什么。"那么你在充满变化的世界里想要改变什么呢？你当下的意图又是什么？

让不可见的事物变得可见

培养看到前方正中心以外的事物的能力就是现代世界的超能力。它能让你发现自己的本性、迸发新的观点火花、想出新的解决方案并在生活中完全展现自己。它可以减少你的焦虑、唤醒内心的声音并让你与他人的关系更亲密。它也能让你清晰地看到即将到来的任何改变。

很多时候，我们常常意识不到自己没有关注的事物竟然如此之多，无论是天赋、能力，还是身边的小美好。越是陷在旧剧本里无法自拔，看到的东西就越少，最终你将无法看到真相和生活的全貌。

但当你开始新剧本，一切就会完全改变了。看见隐形的事物代表许多方面的不同：希望与恐惧、仔细观察与视而不见、清楚何时行动与知道适时等待、建立的体系是压迫的还是包容的。再次提醒，这是可以让你彻底改变的巨大差异。

反思时间

1.你更相信自己的理智还是情感？

2.当你的同龄人让你向右转，你会反而想向左转吗？

3.你能否识别不可见的图形？

4.你对支配自己生活的规则有多了解？对规则内容有多明确？

5.特权（或缺乏特权）如何影响你的剧本？是哪（几）种特权？

和上个章节一样，注意在读完本章后，自己的想法发生了怎样的变化，并留意它是如何在新剧本中体现出来的。

第三章
重新理解"迷失"

÷

迷失指的是不熟悉的事物出现。

——丽贝卡·索尼特（REBECCA SOLNIT）

布科维纳并不是大多数旅行者的首选目的地。它是东欧的一个地区，位于喀尔巴阡山脉和德涅斯特河之间，教堂和修道院点缀着连绵起伏的山脉。这些建筑建于1487年至1583年，从内壁到外墙、地面到天花板，美轮美奂的壁画随处可见。只是几个世纪以来蜡烛燃烧的烟雾让壁画变得暗淡无光，因此世人无法领略其原本的绚丽。

我在大学艺术史课上听说了关于这些壁画的传说，梦想有朝一日可以到当地感受一二。几年之后，在那个还没有智能手机、定位系统、旅行团或者爱彼迎（Airbnb）预约软件的年代，我坐了很久的托尔斯泰号火车后，终于到达朝圣环线的最近起点苏恰瓦镇（soo-chah-vah）。

我一路沿着驴比车多的泥泞小道寻求搭便车的机会。能打车的时候尽量打车，但路上的车辆实在是少之又少。当地人大都是农民，他们看向我时，眼神中充满了好奇、欣喜和同情。一路上，我要么乘着噼啪作响的老式轿车，要么坐着载满干草的马车，微笑和手势是我与当地人的交流语言。那里的壁画要比我想象中的还精美，风景也让人心旷神怡。

有一天，我走在乡间的小路上，沉浸在自己的世界中，突

然有人喊道："等等！姑娘！等一下！"

我望向右边，看到了一位典型的罗马尼亚老奶奶，方头巾包裹着她红润的脸颊，并在下巴处紧紧地打了个小结，给硕大的身形增添了几分可爱。她早已推开木质百叶窗，显然是想引起我的注意。

我停下脚步，陷入茫然。我应该怎么做？还有，我在哪？

老奶奶继续道："你好啊，姑娘！"她的口音浓重却悦耳。我小心翼翼地回答道："您好……？"

"姑娘，你是不是迷路了？"

我一时语塞。一方面，我并不知道自己在哪里。从地理上讲当然是在罗马尼亚，但确切地说，我真的不知道自己在哪。

另一方面，我感到比以往任何时候都充满活力。这些日子，我坐过手推车、吃过罗马尼亚玉米粥（mamaliga cum brinza，蒸好的玉米粥加上乳白色新鲜融化的奶酪）、看到过尘封数世纪的壁画。在那些瞬间，我都毫无迷失的感觉。

还未等我回答，老奶奶就说："姑娘姑娘！你一定是迷路了。快进来吧！"

短短几分钟后，我就置身于一群罗马尼亚人当中享受传统家庭晚餐。老奶奶的儿女们和孙子孙女们围着我，就好像我是从月球来的一样，他们同时还用罗马尼亚口音的英语问了我一连串的问题：为什么会在布科维纳？美国是什么样的？还想再来点玉米粥吗？

晚餐之后，大家又聊回我为什么会一个人旅行了。他们认为，我不只是迷路了，而且还跟丈夫走丢了，不然为什么一个女人会独自出行呢？（他们提这个问题时并没有考虑其他的同伴或性别。）这并不是指指点点，而是纯粹好奇加上担心：这个姑娘走丢了，我们必须要帮她！

在罗马尼亚的乡下，独自旅行简直是闻所未闻。这并不是说这家人不相信我会自己出行，只是他们不明白我为什么要这么做。我完全不符合他们的人生剧本。他们个人独立的范围仅限于整个社区，而女性独立旅行则完全不在他们的认知范围内。

一般情况下，当有人在路上问我"你的丈夫呢？"这种问题时，我会感到恼怒，并在心里嘀咕道："别以为我不能一个人旅行！"但这顿饭教会了我一些新的道理，让我用不同的方式理解流变理论，也明白了不同的剧本是如何同时发展的。

这一家人担心我的安危的理由完全不是我所想的那样，而我担心的却是另外的事情。我们对迷失这个概念的看法完全不同，但又同样有意义。

我们有着不同的根基和前行方向、不同的旧剧本和不同的新剧本。但是，我们可以分享自己的观点，并学习他人的前进风格。在这个过程中，我发现了成就自我的新片段。

在我们喝完最后一口家酿梅子白兰地（tuica）后，老奶奶的儿子载我到了火车站。但他并没有直接离开，而是陪我去售票处并帮我买票，又和我一起上了火车，确保所选的座位合我的意，还拜托邻座在路上多多关照我。

那一次，我并没有感到恼怒，而是享受着每分每秒。我又感觉到了迷失。

超能力：迷失

在变化的风景中，迷失才能找到方向。人们与迷失之间的关系错综复杂。尽管许多人认为迷失是人生的乐趣之一，但旧剧本却将它视为失败：迷失是一种累赘，它让人觉得自己丢了什么东西，比如我做错事了；我像只无头苍蝇一样到处乱撞，生活因此一定会有所缺失。

但是在每天都发生新变化的世界里，熟悉度本身就是在不断变化的，迷失成了新剧本的一部分。在这个世界中，慢慢地，我们被连根拔起、失去方向、没有依靠。手上的指南针早已失效，而这变化的新风景不是你我能够选择的。流变世界就是如此。

一旦你开启了流变思维，迷失就成了一种美德：它是一种秘密武器和天才之举，你不只是拥抱失去，更是积极寻求不熟悉的事物并走出舒适圈。迷失并不代表失去方向或愚蠢，那只是旧剧本在作祟。相反，它意味着你可以完全接受自己不了解（及也许永远不会了解）的事物。

从根本上说，这种超能力可以归结于你的反应：迷失是让你感到舒服还是紧张？好奇还是不安？是让你放弃自己的老路，还是最终被绊倒？

我的迷失经验体现在很多方面。失去双亲，然后建立新的关系，失去原本的人生轨迹，然后通过开启事业篇章重新找到前行方向，所有这些加上从布科维纳到玻利维亚再到巴厘岛一路上的冒险（和遭遇），每个经历都帮助我重新看待变化这件事，让我明白迷失其实是种礼物。如果你从未体验过迷失，那么你无法找到前行的方向，新剧本也无法闪烁应有的光芒。

庆幸的是，在这个变化越来越多的世界里，你会经常感到迷失，我们都是如此。原因很清楚：旧剧本正在瓦解，它无法再适应现在的时代了。当你的流变思维打开后，你就会明白如何以最恰当的方式感受迷失，即如何在不适中感受到惬意、在陌生中找寻熟悉感、思考自己真正要找的是什么……然后将这

些体验全都编进新剧本中。

迷失的宇宙

不同的人有不同的迷失方式。迷失也远不止是走错方向。

● 你可以在自然环境中迷失，如野外或海上。

● 你可以在人造环境里迷失，如错误的地址、道路或者地标。

● 你可以在数字环境中迷失，如新的应用程序和科技（值得一提的是，这些都是为帮助你找到前行方向而设计的）。

● 你可以迷失在时间里。

● 你可以迷失在自己的思绪里。

● 你可以迷失在一个想法里。

● 你可以迷失在一本书里。

● 你可以迷失在自己的情绪里。

● 你可以迷失在学习新东西的过程中。

● 你可以建议他人感受迷失。

● 许多人和组织也许在帮助你迷失。（更多内容请看第四章：从信任开始。）

感受迷失，找到真我

回想一次迷失或失去方向的经历。可以是在外国、停车场或是在家。不要犹豫。

想一想那次自己是怎么应对迷失的？当时什么感觉？是恐惧沮丧，还是好奇兴奋？

如果回到过去，自己会如何应对迷失。你会从旧剧本还是新剧本的角度讲述过去的故事？你能否带着希望和发现复述一遍？

有时这些经历会带来惊人的效果。你也许会发现新的事物，更加注意周围的一切。你可以重新校准指南针，拥有更多、更生动的观察和体验。你会通过从根本上改变自己的方式，学习新的技能、拓宽自己的眼界。迷失可以让你充满活力。

然而有的时候，迷失也会让人感到沮丧或危险。在过去，看不见小路或者海岸意味着将有巨大的危险。对于今天的大多数人来说，失去方向会引发不安和恐惧。在（带有旧剧本规则的）商业世界里，迷失是人们避而不谈，甚至谴责的做法，因为它意味着要牺牲效率和生产力。

当我们优化效率时，迷失从根本上就与这个目标背道而驰了。但不止如此，在优化过程中，我们将创造力从整个画面里抽离出来，并发送错误信号：前路非常清晰。但实际并非如此。如果目标真的是创新性方案，或新的想法，或仅仅是变通性的话，那么迷失是实现目标必不可少的一部分。

迷失不等于失去，也不等于失败

许多人在迷失中挣扎的部分原因是他们分不清迷失与失去的区别，或者认为迷失就是失去。对此我有同感。父母去世后，我的迷失感强烈到了无以复加的程度。我失去了立足之地、可倾诉的地方还有我从小生活的家。脚下的土地已经瓦解塌陷。我非常担心不久就会失去我的姐姐、自己的健康以及好奇心。

但是损失和迷失是不同的概念，这两者都不代表失败（尽管旧剧本不遗余力地让人相信这就是失败）。虽然我的生活发生了显著的变化，"少了"父母的存在，这并不意味着往后的生活注定会失败。当然，现在的生活跟我之前所想的大相径庭，但它同样邀请我去接触新的世界。无论自愿与否，迷失是常有的事，未来还会更频繁。在这一过程中，我可以编写属于自己的新剧本。我会踏上探险之旅，新的大门也会打开，我还会拥有新的超能力。实际上，迷失也许不只代表失败的对立面，更意味着前所未有的好结果。

权衡和稀缺性

许多人也会在迷失中挣扎，因为他们用权衡思维和稀缺性思维看问题，这是旧剧本的标志。权衡思维指，我能胜利的唯一办法就是别人失败（反之亦然，如果你赢，我就会输），而稀缺性思维则根植于这种信念之中：有多少都不够。在两种思维的影响下，损失—迷失—失败循环不断重复。

等等，这话是谁说的？！

即使在最好的时代，权衡思维和稀缺性思维也是有问题的。在不断变化的当今世界，因为我们正在将传统的衡量标准（旧剧本）应用到发生巨变的现实当中，这种思维导致了更严重的问题，已经不只是因为失业或日程中断而感到"迷失"那么简单了。

今天的每个人，无论年龄、贫富、国别，还是政治立场，都失去了自己所熟知的部分生活。每个人身处的环境都在变化，且不会停止。这种变化也许是失去所爱之人、收入来源、最喜欢的餐厅、假期计划或者未来的希望。对许多人来说，这看似只是常态的消失，却会对人生造成重要影响。（现状再糟糕，至少也是人们熟悉的常态。）在这种情况下，任何宣扬"待在自己的车道"的剧本听起来都荒谬至极。现在正是迷失的黄金时间。

跳出舒适圈

我的父亲是一名地理老师，也是我从小到大最好的朋友。我小时候家里并不富有，但父亲却非常乐观积极。就像很多小孩家一样，当时我们家里的厨房餐桌上也放着一张塑料餐垫，用来装我吃饭洒下的残渣，餐垫绘有世界地图。早饭的时候，父亲和我会玩首都游戏（我们取的名字）。他会说一个国家的名字，久而久之我也就了解了各个首都。像亚的斯亚贝巴、乌兰巴托还有瓦加杜古之类这些名字念起来都很神奇，那时我就梦想有一天能游览这些遥远的土地。

当我一边嚼着麦片，一边探索（对我来说）新的世界角落时，父亲会一遍一遍地给我讲着三个道理。

首先："世界要比家里的后院大多了。出去探索吧！你也许会发现，外面的世界会解答你在家里提出的一些问题。"

其次："世界不是专门为你服务的。你能够上学已经非常幸运了，因此你有责任反过来回馈这个世界。"

最后再来一个总结："记住，越是看起来和你不同的人，你越会发现他们很有趣。你难道喜欢和那些与你长相、声音，还有饮食都相近的人相处吗？我听起来都觉得无聊透了，所以赶快去享受校园时光吧。"

小的时候，我一直以为所有的孩子都有这样的早餐课，几年以后我才发现并非如此，这就让我思考一个问题：这个课程在童年之后还有效吗？走出舒适圈后的迷失会给现实世界带来有意义的改变吗？

答案是肯定的。此外，这种迷失并不需要我们获得优异的成绩、赚很多钱或者长途旅行。最重要的是，它是以常识为基础的。

多样性会让人考虑到不同的选择、观念、想法和观点，会增加我们的好奇心、创造力以及想象力。它强调了人与人之间相互依存的关系，并让我们变得更强大。多元的团队、董事会、企业会获得更强的创新力以及更高的长期回报率。

以上都是多样性给日常生活带来的益处，而实现长期的巨大变化还需要考虑其他方面。换句话说，接触到更强多样性的多元团队和个人，更能得心应手地应对不断变化的世界。

其他形式的迷失

■ 在面对不确定时，你会引用其他文化、传统或故事帮自己应对吗？具体说说是哪种。那些剧本和你的有何不同？你是如何从中学习的？

■ 你最近一次阅读由与自己文化背景完全不同的作者所写的书是什么？

这不是迷失，只是暂时地错位

人类发展出了一套了不起的方法，帮助自己在不熟悉的环境中导航。无论文化和地理位置，我们都一次又一次地被提醒：与其说是迷失，不如说是暂时地错位。人生本身的意义并不在于避免迷失，而是在找寻方向中成长：当环境发生了变化时，我们可以不慌不忙地重新定位。

以下都是世界各地的不同人群、不同生活方式的人面对迷失所采取的观点和工具。有的人是在旅行中迷失、有的是在思考中或是在生活中迷失。有的体现在整个文化中，有的则是在国家、地区或者组织中。每个人都在强调具体有效的多样性，并思考应该如何重新塑造自己，哪些会给自己的新剧本带来启发。

你知道自己在侘寂中的危机吗

在西方世界，crisis这个词一般会让人联想到毁灭和破坏的画面：往好了说是危机，往坏了说则是世界末日。crisis来源于希腊语krísis，意思是判断或决定的行为。

在中国，人们对crisis与西方的看法不同。crisis对应的中文是危机，而危机由两个字组成：危指的是"危险"，机意为转折或"变化点"。crisis在中文语境下是一种挑战，但是它需要人们引起注意，激发好奇心，打开各种可能。

这两种剧本都试图解释一个困扰人类数千年的现象：如果有更多人在更多地方了解到中文语境的危机会怎样？当然这不会消除crisis本身所代表的严峻情况，但可以重塑我们应对变化的方式。我们可以注入一些希望来缓解变化带来的恐惧。

侘寂这个词很好发音，它指的是热爱不完美和一切事物的短暂本质。侘寂代表着日本的智慧和成功之道，换句话说，就是让日益老去的我们和不断变化的世界和谐相处。侘寂并不是要保持事物的原貌，也不是在事情没有按计划进行时的失序。

金继（"金缮"）是从破碎中看到美的日本哲学。它以修复破损陶器的艺术而闻名，其中连接破损物件的缝隙比原作还要好看。侘寂和金继都欣赏并鼓励人们将变化看作是健康、积极甚至是令人向往的状态。当然，变化是混乱的。但如果我们鼓励彼此克服困难，而不是试图掩盖这一真相，那么世界是否会变得更美好？而且变化也不可能因为我们的视而不见就消失。

西方语言没有与侘寂和金继对等的表达，也没有类似的剧本可参考。不同文化的语言鸿沟仍然存在，但这并不会妨碍你编写新剧本。想象一下，当更多地方的更多人对自己代表的概念感到自豪，再将这些概念结合在一起，然后整个社会就会萌生出一个新剧本。

我的谷仓烧毁了，现在我可以更清晰地看到渐渐升起的月亮。

——水田正秀

教养的力量

我们学到的不只是不同文化对变化的定义。有时，进步的文化也可以构建起框架，帮助人们拥抱大规模的变化。你可以把这看作是为催生出迷失和新剧本所打造的有效容器。

十九世纪末，北欧（挪威、丹麦、瑞典以及芬兰）这些在当时经济并不发达的国家进行了自我调整以适应由第一次工业革命所带来的广泛变化（而在当时，工业革命本身就是一个随时变化的新剧本）。政府和社会领导者意识到，要想在新工业化世界繁荣发展，光靠义务且统一的教育体系是远远不够的。这需要对个人的内心、价值观以及塑造人生的关系网进行更深刻地理解。

所以他们创造了教养（Bildung）这个词：一种帮助人们探索以上主题和自身发展的教育生态。（教养是一个德语词，没有英文的对应表达）。实际上，这些政府和社会机构为内心世界根基不稳的人们提供支撑。大约10%的人免费参加了长达六个月的教养静修课，这足以让教养精神在社会上广泛传播。

教养重新审视的不仅是教育课程，更是各年龄段学生如何看待整个世界（或感觉）和思考（或感到）迷失的问题。它帮助人们编写和表达自己的新剧本，意识到深度思考和保持韧性的重要，将教养视为探索复杂性和变化的第一能力。

你大可以想象一下，一个与时俱进的全球教养网络会实现哪些成就！

其他形式的不确定性

回忆一下自己感到困惑的经历。利用自己已知的，再加上在谷歌上搜索的结果，你可能会通过这些身边事物开始找寻答案。

但你是否停下来想过，自己知之甚少（或完全不了解）的学科会教给你什么道理。这有点像"先有鸡还是先有蛋"的问题一样，毕竟你连自己不了解什么都不清楚。但这非常值得一试，也不必仅限于你不清楚的事物。

比如，来自不同领域的专家会如何看待不断发生的变化呢？

生物学家会将演化看作持续不断的变化和物种适应的超能力。语言学家会专注在词源上：英文的不确定性（uncertainty）是源于拉丁语cernere，意为"区分或辨别事物"。我们对不确定性的应对能力根植于我们分辨事物的能力，以及事物之间的联系。天文学家对恒星和星系的研究充满未知，他们想用更好的方法预测不确定性。人类学家也有运用天文学知识的时候，比如研究贯穿人类历史的文化是如何形成那些塑造我们世界观的故事、标志以及仪式的；我们如何准确定位；面对改变，我们是惧怕还是拥抱。

生物学家、语言学家、天文学家、人类学家，当然还有历史学家、神经科学家、心理学家、社会学家等，他们都在与变化做斗争、研究并发展了一系列观点。他们一直以来都以不同的方式迷失在变化里。面对改变，我们没有唯一的答案或解决方法，但每种学科剧本都能够填补一些空白并克服因为无知而产生的恐惧。

不同专业领域的人会用不同的视角看待变化。你越能站在别人的角度经历变化，手握他们精心编写的剧本，你就越能理解更广阔的画面，包括在探索变化时遇到的挑战究竟来自哪些方面，以及如何拥抱挑战。这样做既能巩固自己的基础，也能帮助彼此更欣然地接受迷失。

阿米塔夫·戈什（Amitav Ghosh）是一位畅销书作家，他的小说跨越了时间、空间以及文化。对于为何有的人害怕变化，而有的人却无所畏惧，他提出了有力的观点。戈什称：在我的家乡，人们并不期待世界或未来是一片光明的。我们曾目睹过种种剧变，也深知未来还会有更多这样的剧变。从这个意义上来说，我认为西方人抱有与我们不同的想法：前路平稳，未来可期。

短短几行，戈什就将人们与变化之间的复杂关系阐述得淋漓尽致。一些文化见证或经历过变化，它们都以不同的方式迷失过，经历多了，变化也就成了常事。对这些文化来说，不断的变化就是它们的剧本。变化是既定规律，而稳定成了特例。我们可以想想游牧文化这个极端例子：当你一生中的每一年都要搬迁和重建家园好几次时，你自然而然就会接受这种永恒的无常状态。在这种情况下,变化才是人生准则。

而在另一个极端,长期处于安稳状态的文化似乎是最惧怕变化的。这种惧怕也被融入其剧本中。除此之外,使用更多的工具避免自己遭遇表层意义的"迷失",如用定位系统、预算追踪软件等,就更容易抑制这种恐惧感。但惧怕不会消失,而是会愈演愈烈。实际上,我们仍然相信自己可以掌控不确定性、未来以及我们所看到的一切事物,而这会让我们陷入困境。

当你打开了流变思维,并学会为迷失庆祝后,这种自我庆祝就会成为你新剧本的一部分。到那时,它也许会折磨你,比如敦促你一直做明智的决定、开拓新的机遇或完全成为自己。

将迷失看成常事的文化更善于探索流变世界。我并不是说游牧生活非常容易,或者经历剧变就会让你学会克服恐惧。那些将不断变化看作规律而非特例,并将其融入自己剧本的文化中的人,能够在变化中建立适应而非掌控的心态。这多么智慧啊!

探险

你是否很想旅行,却不知道该去哪里?

你是否想尝试新鲜事物,却不知道具体包括哪些?

你是否因为必须"有计划"而感到恼怒?

你是否想过生活中有比"成功做到这件事"更重要的东西?是否清楚"这件事"究竟指什么?

如果以上答案都为"是",那么欢迎你来到探险的世界!

探险,一个听到就让你愉快激动的词。

探险展现的不只是迷失,更是从一开始就欣喜且有意地迷失。你可以去之前从未了解的理想工作中探险(如果对这部分感兴趣,可以参考第六章:组合式职业生涯)。探险要在目的、勇气和真实的驱动下才能实现。它打破了传统以及如今大多数人生导师的理念,主张摒弃旧剧本中的准则:"成功做到这件事"是不变的里程碑,"到达目标"则是早已设定好的终点。在探险世界里,"这件事"和"目标"是在不断发展和变化的,而这就是人生的本质。

一个探险者内心并不浮躁,因为她不会等待"成为"某人或某事发生。她将旧剧本抛到路边,走出自己的一条路。她对迷失非常坦然,因为她知道真正有价值的机遇究竟是什么。她会不断将"是什么""可能是什么"这种新知识融入自己的新剧本中,而不是贬低自己在旧剧本中的短处。探险者就是流变的化身。

姑娘，你迷路了吗

任何时候都会有人以某种方式迷失。但是当变化来袭时，人们会从原来的感到迷失变成感觉无所依靠。打开流变思维可以帮你重拾前行的方向，同时获得迷失中的力量。

除了已经分享的经验，还有许多方式都可以让你在日常生活中主动迷失。以下是一些简单且屡试不爽的小技巧，可以帮助你形成这种超能力：

● 拥有旅行家心态。即使你的冒险之旅只是在一个房间、后院或街区也没关系，想一想，你带了些什么？你真正知道些什么？（而不是认为自己知道，或者希望对周围的了解是什么样的）你不知道，但能从学习或探索中获益的是什么？

● 当突如其来的变化来袭时，注意你最开始的情绪是什么。你是看到了危机还是开端？思考这些不同的情绪以及为什么它们会成为你条件反射的状态。如果你换一种情绪会如何？

● 像探险者一样思考。你去往尚不了解目的地的旅行方式是什么样的？

● 关掉定位系统，用人类传统的方式为周围环境定位。

● 蒙住眼睛。在蒙眼状态下探索小屋或后院，或者在一片漆黑中吃晚餐。慢慢地走，多停一停，感受并倾听。想象自己的活动轨迹（或盘中食物的排放位置），然后再用眼睛看看是否如此。

迷失与其他流变超能力都有重合之处，所以之后你还会看到它。现在，你只需记住：迷失是一种机遇，让你找到方向，在不适中寻找舒适，对陌生事物逐渐适应并熟悉它。这是你的新剧本中的一部分，是基于在不断变化世界中的独特人生旅途获得并展开的。

反思时间

1.在你迷失方向时，你通常会感到沮丧、害怕还是好奇？

2.你会将绕路视为麻烦还是冒险？

3.在你成长的过程中，你是被鼓励和与自己相近还是不同的人交往？那些人是什么样的？你从中学到了什么？

4.在面临不确定性时，什么人或者什么事给予你支持，并帮助你找到前行的道路？

5.其他文化或传统在多大程度上影响你的世界观？这些剧本和你自己的有什么不同？你是如何了解它们的？

持续观察，不断关注，并坚持将这些令人惊喜的发现融入自己的新剧本中。

第四章
从信任开始

✣

确认某些人是否可以信任的最好办法，就是信任他们。

——欧内斯特·海明威（ERNEST HEMINGWAY）

如今，全球信任危机常成为新闻标题，这快成了一种陈词滥调。信任指标已经降到了历史最低。我们对企业、政府、媒体以及学术界的信任似乎已经土崩瓦解，甚至连人与人之间也更不信任彼此了。不信任通常体现在以下几个方面：

- 不相信领导会有道德操守。

- 不相信媒体会报道真相。

- 不相信企业会把社会需求看得比本季度收益还重要。

- 不信任与自己看起来不同，吃不同食物或穿不同衣服的人。

- 不信任员工会准时出勤，或者不盗用知识产权。

- 不相信邻居会尊重我们的平静生活和隐私。

- 不相信孩子能够自主学习或安全玩耍。

- 不相信银行把客户看得比存款余额更重要。

- 不相信教育体系能让下一代为未来做好准备。

- 不相信食品产地，也不相信食品制造公司。

- 我们什么都不相信，所以用法律合同和诉讼来掩饰这种不信任。

- 我们不相信你知道什么对你来说才是好的。

● 如果这些都不够的话，如今还有正在积极瓦解信任的行为，这是由那些试图破坏并分裂社会的个人和组织煽动的。

尽管有无数的法律以及应当执行这些法律的监管、认证和监察机构，社会还是会在各个层面出现信任问题。我们怀疑或者不信任许许多多的部门、领导、策略制定者、同事、邻居甚至是自己（尽管这只占少部分人）。

无论是个人、组织还是整个社会，我们都已经失去了方向，现在急需重建信任这一照亮前路的北极星。没有信任，未来将会暗淡无光。

也许这么说会让人感到安慰，今天人们对信任感到纠结并不是什么新鲜事。从古至今，信任都是一大挑战。信任专家、《你相信谁？》（*Who Do You Trust*?）的作者雷切尔·博兹曼（Rachel Botsman）提出，关于信任的学术论文要比关于其他社会学概念（比如爱）的论文数目多很多。

博兹曼将信任定义为"对未知事物的肯定关系"。在各个字典中，信任意为"对性格、能力的确定依赖，或者是对人或事的相信"或"对未来或偶然情况的依赖、希望"。很显然，肯定、希望以及不确定性都起着重要作用。这被称为我们的地平线偏好，并会影响我们对世界的看法：当我们对自己、环境以及未来有很大的把握时，就更容易产生信任。反之，我们的信任则会摇摆不定，信任就会变成恐惧。

信任不只是关于肯定和希望，它还与意图有关。

当信任被完全表达时，它是一种邀请，可以用来修复和加固关系，表达自己的可信度和真实性。而当有人用"相信我"这种请求作为讨好他人的手段或试图从他人身上得到有利于自身的东西时，这种信任就很可疑，并且很可能适得其反。信任和自身利益是呈负相关的：当其他所有条件都一样时，帮助他人且不求回报的真实意图越强，可信度就越高（值得信任的"好处"也就更多）。

本书是站在信任的角度写出的，这一章反映了我在父母去世之后，陷入剧变的漫长信任之旅。突然之间，为了重拾生活和生存，我不得不选择信任。而与此同时，以前所信任的那个世界以不同的方式在我眼前坍塌了。

我必须相信他人引领我前行，包括许多我之前从未谋面的人。我必须相信自己的悲伤、心灵，以及内心深处的声音不会将我引入歧途。也许最重要的是，学会信任意味着要相信爱，并且要明白，爱一个人并不意味着他们也会意外死亡。

这段旅程既不顺利也难以预测。一路上，我遇见许多利用我以及我的悲伤情绪的人。但事实证明，这种人只是特例，而非常态。大多数人都还是很不错的：他们用善良单纯的态度对待生活和他人。每当想到这一点，我就感觉又多了一些底气：更有力量、更自信了，而且在变化来临时也没那么焦虑了。

那时的我才发现，充满不信任、惧怕以及随时警惕的旧剧本不仅无法帮助我实现自我重建，而且对整个人类群体来说更是后患无穷且适得其反。

信任层级随着时间的变化逐渐形成。几年的独自旅行让我每天都以新的方式打开信任的大门：住在哪里、和谁讲话、付多少钱、要不要接受邀请。我开始在信任和脆弱的原则上重建"选择的家庭"。这个大家庭的成员共同努力，在诚信和信任上实现了飞跃。时间一长，我们的根系也就相互交织在了一起。

作为未来学家，在谈到信任时，我会常常谨慎地观察即将发生的事。一方面，新技术极大地拓宽了我们与他人连接的能力，在此过程中人与人之间会建立起之前从未听说过的信任。另一方面，许多企业和组织都巧妙地告诉我们，他们是可信的，如果这时向信任迈出一大步可能会对个人和集体造成严重危害。一家公司越是在广告上夸夸其谈，说着"相信我们，我们可以做到！"这种宣言，你对他们的信任就越是应该减少一分。

信任将人与社会黏附在一起，它是人类和更安全、更睿智世界的重要促成者。然而，建立信任要花好几年的时间，而信任崩塌可能就在一瞬间。你知道信任的存在，但却不能像介绍一个人或一件家具一样说明它具体的位置。尽管许多人都想被给予信任，但它只能是赢得的。

人们对许多方面的信任度都在下滑，甚者经常没有注意到发生了什么。而对这种现实，我们要怎么才能回到正轨呢？

超能力：从信任开始

在你的信任瓦解时，要假定对方是善意的。

很多孩子从小到大都被教育：不要和陌生人说话。

很多孩子从小到大都被教育：当学校铃声一响，即使你完全沉浸在所做和所学的内容中，也必须立刻停下手头的事。

成年以后步入职场，我们被要求签订保密协议（NDA），并且上下班都要打考勤。新技术能追踪我们输入的内容，捕捉面部表情。

将这些例子和本章开头的长清单结合在一起，它们覆盖了主导我们生活、工作、养家以及思考未来等的众多活动。对于"人们不值得信任"这种说法，我们已经将其内化并习以为常。这并不是说人们会不信任许多人，只是许多人会默认其他人不可信。在这个过程中，不信任不仅主导了我们的日常生活，还是一种看不见却又无处不在的障碍，影响着个人和集体实现梦想。

这就是你渴望的生活，或是希望被别人看见的生活吗？

在谈到信任时，旧剧本给人的感觉就像是被凌迟一般。我们被日复一日地提醒着：人们不值得信任。我们不能也不应该信任彼此。同等条件下，你不能也不应该相信我，而我也是如此。

等等，我们到底做了些什么？

我们正在切断人与人之间的联系，否认社区的作用，这些曾经都是搭建信任的架构。我们在将不信任常态化，断绝与彼此甚至与自己的联系。我们正在让原本肥沃的土地变得贫瘠，让生命和信任无法扎根与生长。

不止如此，我们还在摧毁好奇心，加剧不公平，并且花费大量的时间、金钱以及能量维持这些系统正常运转。

但是别忘了，这是旧剧本的内容，而它正在流变世界里逐渐成为碎屑。

在流变世界中，信任是维持关系、组织以及文化的黏合剂，这一点变得显而易见。当世界发生巨变时，信任能够帮助人们锚定方向，纠正自己。互相信任的关系可以让你在变化的激流中自信前行。而不信任则会让你充满恐惧，并将自己与他人隔绝。

从信任开始既不意味着要天真无邪（这还是旧剧本在起作用），也不意味着社会上没有坏人。换个方式看待这种超能力其实很简单：将不信任看作特例，而非常态。其结果会给你带来惊喜。

在说到信任时，新剧本其实并没有那么新，实际上，它可以说是适用于任何时代的。它汲取了几千年传承下来的人类意识和智慧。但随着我们对经济"工业化"、对世界"现代化"，并将资金投入到消费者的大规模营销活动中，我们改变了剧本内容，并且逐渐将这种智慧从集体意识中褪去。但是"新"剧本一直都在，现在我们需要重新发现它。我们需要将剧本内容改回来，可以从下面的一些观察开始：

- 人类生来富有创造力、好奇心并且是可信的。

- 仓鼠轮不是给人类设计的，它对人类是有害的。

- 掠夺自然资源的行为是不可取的。

- 信任不是通过营销活动建立起来的，而是通过我们彼此间的关系、相互关照以及相互庆祝而形成的。

检验你对信任的理解

● 你认为人性本善，还是人性本恶？

● 你认为以上想法从何而来？

● 以上想法如何影响你的生活？

● 你想过另一个观点吗？它又有什么样的影响？

● 信任配偶与信任组织之间有何不同？

● 科技能对你建立信任的帮助是多是少？

● 当你让别人"相信你"的时候，感觉如何？

只要你相信自己，你就会懂得如何生活。

——约翰·沃尔夫冈·冯·歌德

（Johann Wolfgang von Goethe）

就像所有流变超能力一样，从信任开始，并拥抱这个新剧本。只有在你打开了流变思维以后才会出现。旧剧本认为，认为所有的意图都是善意的想法非常愚蠢。讽刺的是，在旧有思维中，信任他人被认为是你自己的人格缺陷（不是对方的）！但如果你相信新剧本，并想打造一个更人性化的未来，那么从信任开始很可能会让流变超能力的作用发挥到极致。

不信任会摧毁天才

想想上一次你被邀请参加团队的头脑风暴，但被要求必须"待在自己的领域"，且不能思考任务以外的话题时是什么感受。也许是别人说你提了个"愚蠢的问题"，或者其他部门的同事根本不知道大家在说什么。以上种种都掺杂着不信任。

从不信任中设计出来的体系让我们不再拥有好奇心，开始自我封闭，并与他人断开联系。我们扼杀了那些能让聪明才智活跃起来的事物。

当我们在不信任中设计体系时，我们总是会摧毁掉天才。死板的职称和管理层级在这方面当之无愧。义务教育也是如此：我们让孩子们按部就班地学习，丝毫不顾他们的好奇心。（如8点上历史课！9点上数学！不要在线外涂色，不要在应该解方程的时候写诗！）怪不得这么多优秀的孩子在学校里过得很辛苦。当然了，社会在试图确保基本的公众教育水平（对当今教育体系有所挑战的讨论在本书内就不细说了）。但更重要的是：总体来说，孩子们的好奇心和天赋都被一点一点、日复一日地扼杀了，这从中传递的潜台词就是"我们不信任你"。

我们为什么会这样？为什么不能释放儿童和成人、专业人士和父母、创新者和煽动者的天赋，并着手打造他们的改变新能力，通过这样的方法设计体系？让我们共同探索其中的原因，以及解决方案。

破坏信任的过时设计

在我的职业生涯中，最痛苦的（不被）信任经历就是当律师的时候。不论服务对象的最终目的是实现更普惠的金融、更可持续的商业，还是仅仅为了确保有人能履行交易的要求，他们都会选择合同、法律条文以及诉讼。我不记得自己是否想过双方相互信任时的合同是什么样子的了。不信任已经成了人与人之间的默认态度，而法律诉讼的威慑力越大，人们认为遵守规则的可能性就越大。我越来越感到吃惊：人与人之间的信任在哪里？我上法学院是为了帮助人们有更多自主权，但是法律执业似乎是为了分裂人们并让不信任的种子在他们心中生根发芽。

这并不意味着合同和法律规范不重要。恰恰相反，法治和维护法治的能力在今天无比重要。而我想说的是，我们用法律条文掩盖了基本的人际关系，这反而切断了维系社会的重要纽带。

然而，律师事务所的例子只是开始。当你真正深入研究时，你会发现普遍认为的违反诚信现象随处可见，但这并不是因为大多数人不值得信任，而是因为人们基于对普通人的不信任设计出了这么多条条框框，最后将真正可信的东西排挤出去。有太多这样的例子，在此不一一列举，但可以参考以下情况（继续阅读，了解更多细节）：

● 高管薪酬过高是一种失信行为。

● 广告是一种失信行为。营销活动称"相信我们！"而不提供充分的透明信息。公司追踪和监视消费者行为，挖掘客户信息以提高销量，却不告知客户到底发生了什么。

● 企业激励和鼓励员工以掩盖自身实际工作问题，无论是压力增加、受雇制造和销售的产品所导致的环境破坏，或是将短期利益置于长期福祉之上，以上行为都属于失信。

● 对以上企业投资属于破坏了对它们的信任。

不平等滋养出不信任

你是相信CEO的工资与团队成员持平，还是高得离谱？为什么？

你是相信公司与员工共享利润，并将其账簿对外公开，还是完全保密？

你相信贫富差距的存在吗？为什么？

不平等与不信任紧密相连。在组织、社会、国家以及文化内部和几者之间都是如此：人们越是不平等，就越不信任。

在1958年的美国，CEO的平均工资是普通员工的8倍。1965年，这一比例增长到21∶1，1989年是61∶1，2018年是293∶1，2019年则膨胀到320∶1。这意味着CEO的收入是为其工作的普通员工的320倍，并且她/他对这种薪资安排非常满意。然而，如果站在员工的角度思考这个问题：信任到哪去了？这也浪费了其他旨在实现复原力和可持续性的努力（我们将在第五章讨论这个问题）。另外，薪资分配越不平等的公司往往越管理不善。

激励形式的薪资体系是一种非常强大有用的工具，各国的企业也在纷纷效仿。但物极必反，当我们发现自己所在的世界里，大约2100人（世界亿万富翁）拥有比46亿最贫穷人口总和还多的财富时，我们不得不承认这种薪资体系是有问题的。

古老智慧，信任永恒

在我们对不信任越陷越深之前，先来回顾一下历史，以便更好地了解过往的情况，并迈向更光明的未来。

当现代的我们仍处于与信任的斗争之中时，不妨学习古代人的智慧，它包含了如何自如应对的宝贵线索，这在今天也非常适用。

古人的智慧植根于信任和关系中，例如人与环境、季节与活动、工作与生活，以及过去、现在和未来。

在人类历史的大部分时间里，人们整天观察大自然，并逐渐明白，季节何时更替，鸟儿在哪里下蛋，星星是如何运动的。

在人类历史的大部分时间里，人们也生活在社区里，生活在公地上。我们以一种共有的心态来管理公共资源——流域、土地、食物、住所。没有任何资源是只能一人独享的。人们学会了事先考虑：如果在一个鸟巢里发现了鸟蛋，不要把它们全部抢走，因为希望明年还有鸟来孵更多的蛋。

这种智慧是来之不易的。它需要数千年的耐心、勤奋、专注和信任。从澳大利亚的原住民到加拿大的第一民族、安第斯山脉的盖丘亚人以及世界各地成千上万的其他部落，这种古人的智慧一直承载着人类的故事。

然而，所有这些几乎都被消费主义等力量撕成了碎片，因为古人的智慧对它们想达成的目的构成了威胁。

消费主义经常将土著社区的管理做法贴上"异类"的标签。消费主义驱动的大众营销活动试图让我们看不到永恒的常识。（还记得第二章中的消费者与公民的关系吗？这也是我们信任危机的一个主要部分）。我们变得盲目，以至相信这些错误的说法没有什么问题。一家出售我们的私密信息以换取分享我们照片的公司？当然没问题！一家公司的首席执行官的收入比其他员工高1000倍？好吧！这些可能是（也可能不是）我们认可的错误说法或利弊权衡；无论如何，它们都是对信任的大规模破坏。

此外，这种现实情况不仅破坏了我们对组织的信任，也破坏了人们彼此之间的信任。不信任又以一种不可思议的方式悄悄到来。一旦我们将它正常化，甚至注意不到它的存在。但是，当你退一步看看我们所做的一切——对知识产权的过度保护，或者仅仅是担心一个孩子登上格子爬梯——这种不信任真的很奇怪。常识告诉我们，我们可以做得比这更好。

当我们寻求在21世纪重新获得信任时，这种古人的智慧是实现这一目标的关键。它是新剧本的一部分，其出现的时间要比旧剧本早得多。我们不需要找到新的解决方案，我们只需要重新找回我们的方向，重新与我们自己和彼此联系，并重新发现我们一直知道的道理。

信任、真相以及古代文化

三千多年前，印度智者正在撰写一些梵文文本，这些文本成了如今印度传统文化的支柱。其中一部著作是《瑜伽经》，据说是圣哲帕坦伽利所著。在这部著作中，帕坦伽利概述了一系列普世的道德约束，称为禁戒（yama）和正道（niyama）。第二条禁戒是谛（satya），也就是真实性。词根sat翻译为"真正的本质或性质"。

根据对谛的描述，信任只能通过诚实来实现。践行谛需要恪守对真理的承诺：在我们的言语、行动和意图中，对自己和他人都要诚实。当我们不诚实时，就会与更高的自我脱节：我们的思想变得混乱，无法信任自己。有了谛，我们可以信任自己的内在智慧和在变化中的外部世界。

大约一千年后（还是在印度），脉轮系统在另一部古籍《吠陀经》被提起。脉轮是人体中的七个能量中心，通常由一个沿脊柱旋转的圆盘或轮子表示。脉轮的健康与思想、身体和精神健康有着直接联系。

第一个脉轮，被称为海底轮，是支撑你的基石，并管理你的安全感。第二个脉轮，被称为本我轮或腹轮，意为"自

我的地方"，负责支配包括感受权在内的情绪。

无法信任意味着无法感受。信任为体验、参与、学习，以及感到活力打开了大门。当你无法感受时，系统中包括个人力量、身份、信心、同情心、声音、感知和直觉在内的一切都可能被阻断，甚者可能完全被切断。因此，信任是个人潜力发挥时所围绕的支点。

大约两千年后，在地球的另一端，中美洲的托尔特克人让我们对信任的理解更上一层楼。唐·米格尔·鲁伊斯（Don Miguel Ruiz）在《四个约定》中提到，托尔特克人认为真理和信任是万物的中心。第一个约定：言行无懈可击。那么什么是无懈可击，却又真实和值得信赖的？

新剧本：设计从信任开始

宣扬不信任的旧剧本给人的感觉就像是被千刀万剐般难受，这一点我们深有体会。相比之下，关于信任的新剧本为我们带来了巨大的机会，或者说是一种超能力，让人可以拥抱改变思维。当我们从信任开始时，就会创造繁荣、建立联系、迎来团结。参考以下情况：

- 维基百科（Wikipedia）是全球通用的线上百科全书，各国用户都可以对其内容进行编辑。

● 网飞（Netflix）的员工开销政策只有五个字：利益最大化。没有花里胡哨的人力资源手册，没有按日计费要求，也没有需要签署的表格。只有短短五个字。

● BlaBlaCar是一家全球长途旅行拼车平台，营业范围覆盖欧洲、亚洲以及拉丁美洲。旅行者通过平台拼车一路前行，同时也能在途中迅速交到朋友。BlaBlaCar的运输人数是整个欧洲铁路网运载人数的四倍之多。

● 小额信贷是向经济活动度高的低收入人群提供无抵押品的小额贷款。传统银行认为这类消费者"无法获得银行贷款"，但小额信贷用户的还款率大于等于其他类型贷款的还款率。

● 在基贝拉（肯尼亚内罗毕附近的一个城市贫民窟）和全世界无数的社区，邻里们都会分享自己的食材。一家负责盐，另一家负责面粉。这是在没有账簿或欠条的前提下的分享。"可用的东西"并不仅限于橱柜里的物品，而是扩展至方方面面。

● 开源软件是任何人都可以使用、学习、修改和分享的软件。它是以合作、公开的方式开发的。换句话说，它与受到法律绝对保护的知识产权互为对立面。今天一些最具影响力和最流行的程序都是开放源码的。此外，这个概念远远超出了软件的范围：开源项目、产品和倡议几乎存在于每一个领域，任何

方面都可以利用开放交流、透明度和协作参与的原则。

线上百科全书、拼车平台、人力资源部、软件开发、金融服务，这些例子各不相同。但是它们的共同点是什么呢？

那就是：它们都是基于信任所设计出来的，这是打造新剧本的基石。

这些系统、模型、产品和服务都是基于一个基本的信念：大多数人是值得信任的，本性都是善良的，并且坚信人与人之间的联系非常重要。不是所有的人，而是大多数人！基于信任的设计不否认害群之马的存在，但把他们当作特例而非常态。

基于信任的设计让那些被不信任试图摧毁的天才得到解脱。开源软件和网飞的人力资源规范相信人们会想出办法，从而有新的发现。它们让人们从恐惧稀缺到学会拥抱自信所带来的繁荣。

以上例子都与你的直觉相悖。你不得不看到自己在不信任的泥沼里陷得有多深，甚至自己都不曾留意。你甚至还会因此感到有些尴尬。

但是一旦你跨过这一难关，真正思考了这些例子的含义，你就会想要更多。你想加入信任的行列。你会成为一个信赖大使。你会渴望更多的信任：被信任，信任他人，以及生活在一个由信任打造的世界里。（这真的很不错，对吧？）

我通过杰里·米哈尔斯基（Jerry Michalski）第一次听说基于信任的设计。20世纪90年代，杰里是一名技术趋势分析师。当他在做公司调研时，他被消费主义对人们生活造成的影响所震惊。多年来，他看到我们作为消费者（而不是作为公民、创造者、合作者或只是人类）遇到过许多涉及违反信任的行为。后来，他将这些洞察力发展为"基于信任的设计"理念。我开始信任杰里和他的思维方式，因此最后与他结婚。

新剧本：用信任来领导

看到这里，你可能会说："道理我都懂。但是作为一个领导者，我真的不明白，从信任开始着手和设计会是什么样子的？"以下是对怎么做、从哪里开始以及眼前目标的简单介绍。

隐藏一切的话就完蛋了

如你所见（几乎如一开始看见的那样），企业正在竭尽所能避免自己变得可信。

当你从不信任的角度进行设计时，就不得不对员工、客户、朋友甚至是你想安抚的人（或者用句不好听的话说，包括任何你想拉拢的人）隐藏信息。如果你的薪资过高，那就很难在信任的基础上进行坦率、公开的对话。你可能会发起一个口号为"相信我们！"的营销活动，但这对员工和客户来说显然就意味着你不值得信任。

有一个很好的方法可以评判你的公司是否值得信赖：如果公司不能公开工资信息，如果开展的营销活动是为了说服而不是授权给客户，或者如果始终让员工步调一致，那么这个公司极有可能不可信赖。

要克服这些障碍，成为一个真正值得信赖的企业，需要下很大的功夫。不过换个角度看，有许多方法可以实现这一点。

最基本的做法就是进行一次"信任审查"：厘清所有信任度高、低或没有信任的区域。你能描绘出这些区域吗？你是否隐约感觉到不信任悄悄潜入到你的脑海？对没有理由不信任的同事，你是否用不信任的方式对待？

首先需要保持绝对开放的心态。比如开放账簿，让所有员工看到预算、工资和指标。

然后再进一步：让员工共同设定工资和奖金。相信如果你下放权力并提供足够的信息，他们会很好地完成工作，并对这种信任做出回报。你刚刚释放了他们的天赋，把稀缺变成了富有：当人们感到被信任时，他们不仅更有创造力，而且会积极地提高生产力。

继续沿着这条信任之路前进：言行一致，并促进职场公平。给予所有员工公司股份，且至少为公司部分业务建立一个合作框架。

以下是其他可能出现的问题以及相应的回答：

● 说到指标，要知道不是所有的事物都可以用数字衡量。你是如何衡量信任的呢？

● 如果你的企业文化和可持续性已深深植根于员工和人际关系中，那你要如何衡量它们的状态呢？

● 你会认为你雇用的人人性本善吗？如果不是的话，为什么一开始会雇用他们呢？

弱点和信任之间的悖论

你是一家企业的CEO，听到我说"脆弱"的话，这对你来说意味着什么？对你的员工又代表着什么？

你和伴侣在讨论"脆弱"，这对你来说意味着什么？对你的伴侣来说又代表着什么？

你可能会发现自己对两个问题的答案完全相反。在职场，脆弱往往与软弱相关。但是在个人生活中，脆弱却是我们可以拥有的最宝贵的特质之一。它让我们能够去爱、被爱，并充分展示自己。

在旧剧本中，我们把脆弱看作所设计的系统以外的债务。

在新剧本和一个不断变化的世界中，我们需要以负责任的方式将脆弱性设计到系统中，从而真正提高韧性，应对变化和演化，并唤醒我们人性中想要建立联接和做正确的事的那一部分。

在新的剧本中，脆弱是一种资产，而不是负债。我们跨过了律师们遇到的障碍，他们说，不要在任何方面表现出脆弱，如果表现出任何弱点，就注定要失败。作为一名重返律界的律师，从很大程度上来说，律师们真正害怕的是自己的律师费会被扣掉。

但这种感觉太奇怪了

如果这其中有任何地方让你感觉是反直觉、矛盾、尴尬甚至是可怕的，你并不是第一个人。放弃你多年来依赖的旧剧本和思维方式，或者承认它们已经严重损坏都是很难的。它们不仅仅需要被修复，它们需要全面地转变，这是你的领导力之旅中最令人兴奋、最值得、最充实的部分之一。

在信任度普遍很低的时候，信任度高的领导人和企业就更有吸引力。在一个不断变化的世界中，信任是你的道德指南和竞争优势。信任使你有别于"一切照旧"的旧剧本。信任是吸引回头客（不需要投入额外营销）并促进企业长期发展的原因。今天，你迎来了前所未有的好时机，可以通过真正重要的方式让自己脱颖而出。

也请记住这一点：从信任开始不仅仅是你自己的事，而是集体智慧、合作意识以及当我们以信任为起点时出现的力量。想一想自己如何与他人共同倡导这一点，以及你们能共同打造什么。想一想最终会被解锁的，新的（但不是永恒的）工作、生活、合作、创造、理解、学习、领导和存在的方式。

在我们信任的流变中

在一个流变世界中，不信任不仅令人沮丧、低效或感到不公，还会导致社会逐渐土崩瓦解。如果没有信任，就不可能管理好不断出现的不确定性：就好像我们在海上风暴肆虐时把指南针和救生衣扔到了海里，即使船上的许多人都清楚：那些物品决定了个人和集体的存亡。

这艘船随时都会翻。船体上的裂缝是否明显，取决于你的交流对象。那些认同不信任文化的人，最有可能无视这些裂缝。这使本就充满不确定的情况变得更加复杂。人类会不会有观点一致的时候？

然而，听听莱昂纳德·科恩（Leonard Cohen）那句名言，这些裂缝是光照进来的地方，让我们能够为到达一个更光明的未来而战斗。今天的现实既是一个警钟，也是一个开端，它是重新思考和设计我们的生活、工作、关系和相互关系的一个切入点。我们可以，也必须重新思考，停止现在的学习，从头学起，并重新从信任开始。

反思时间

1.身边人可以被信任吗？理由是什么？是什么影响了你的回答？

2.你会经常快速信任或不信任吗？

3.你信任自己吗？什么时候你对自己的信任最容易动摇？

4.是否存在不能被衡量的事物？

5.当你让别人"相信你"的时候，感觉如何？

第五章
了解自己的"度"

⸎

贪婪就是比刚好多一点。

——印度尼西亚诗人托巴·贝塔（Toba Beta）

我还记得那一天。 7岁的我下巴刚刚够得到桌面，我正坐在斑驳阳光点缀着的厨房一角，那是父亲搭建的小天地。这时母亲开始说：

"艾普丽尔，你已经学过加减乘除了，又这么喜欢数字，我和爸爸想让你学会更多的东西。从今天开始，你要管理自己的预算了。"

当时的我还不明白这到底是什么意思。我还会有零花钱吗？我到底是管理零花钱的预算还是所有的钱？

事实证明，我的父母对这件事非常认真。我几乎管理从学校用品、内衣，到娱乐所有方面的费用。我可以想挣多少挣多少，虽然7岁的我薪水也不会太高。

不出意外，我很快就变得具有商业头脑，并手握大量"商业"资源。我开始用所会的各种技能养活自己，比如我学会缝补和售卖一些做工简单的衣服；洗车、打扫邻居的屋子、修剪草坪；我学会了做预算、明白了贷款和复利是什么，最后还了解了金融市场的运转原理。

在拼命挣钱和学习的同时，我并不知道多少钱算够。父母明确告诉我，如果我入不敷出，也不能向他们寻求帮助。我母

亲的口头禅就是自给自足，但对当时只有7岁的我来说，有种被抛弃的感觉，就像是没有带安全浮板的情况下被丢到了深海之中。

后来上大学的时候，身边的朋友竟然可以随便向父母要钱。我感到非常诧异：他们都18岁了，却从来没有做过预算吗？这让我既震惊又有点羡慕。

父母去世之后，我马上就问了自己这个问题："足够"究竟是什么意思？

- 生存所需的足够的爱？

- 足够的安全感？

- 足够照顾自己的资本？

- 足够记住生活美好时刻的快乐？

- 足够看到更好未来的耐心？

- 足够采取下一步的勇气？

在进行初步估算的几年里，"足够"这个概念对我来说已经变得更丰富、更复杂了。从我开始从事全球发展领域的工作时，我就直接，甚至常会感到不自在地问这样的问题，什么是：

- 对人们足够的同情心？

- 帮助他人脱贫的足够收入？

- 让人赖以生存的足够粮食、水、住房以及医疗？

- 足够帮助任何有需要的人的承诺?

在今天这个消费者主导的世界里,我们深受旧剧本的影响,它主张"越多越好",并奚落我们做的永远都不够,挣得不够多或者完成得不够好。这种剧本老派守旧,却影响巨大。在更广为人知的例子中,这个剧本告诉你,你永远不会有足够的:

- 与众不同的力量

- 引人瞩目的声望

- 变得富有的金钱

- 感到满足的选择

- 超越同龄人或邻居的新玩具

- 成功

当我们在争取更多东西的时候,我们将更重要的问题抛诸脑后了,比如:

- 什么是足够的平等?

- 什么是足够的诚信?

- 什么是足够的福祉?

忙碌了一天之后,还有很多人在自省:我是否做得已经足够了?

以上一切看似失去了控制。但请注意,总体来说,这些都是旧剧本的回声罢了。一旦你围绕"足够"编写新剧本,那些回声都会烟消云散。新剧本是可以延续、振奋人心并以人们自身为主体的。它会帮你重新定义成功的标准、获得满足感并换个角度思考自己所拥有的、所做的以及渴望做到的事。

超能力：了解你的度

在一个不断追求更多的世界里，要了解自己的"度"。

古希腊语中"足够"这个词的词根是enenkeîn，意为"携带"。人类历史的大部分时间中，一个人能携带多少东西即为足够。这一概念深植于人类文化之中。拉丁语、古英语以及阿尔巴尼亚语等早期语言，也都注重"足够"一词的充分和满足之意：足够意味着达到、获得或者满足需求。足够是不多也不少的程度。

在今天，不论"足够"指的是数量、质量，还是范围，"足够"始终都强调充分和满足，即不多也不少。

但是尽管有了以上明确的定义，"足够"的含义在某些方面还是变得不一样了。许多人不论是从心理、情感还是实际上，都摒弃了"足够满足"这一定义，而给这个词套了一件新的外衣：永不充分、永不知足以及"永远不够"。

这种转变的大部分是由于现代消费主义。消费主义剧本坚持不懈地成功地让个人和整个社会相信越多越好。拥有得越多，自我"价值"越大；挣得越多，自己就越重要；追随者越多，就越……

真的是这样吗？

这种剧本让我们在仓鼠轮上漫无目的地争相赛跑。（详见第一章）即使是功成名就的人也仍然渴望得到"更多"。

这种"更多"心态是通过数字等衡量的，也就是说，"你是由衡量对象所定义的。""如果你不能衡量它，那就说明它不存在。"你挣得比杰克（Jack）多，但不如奥利维亚（Olivia）成功；你的房子比弗兰克（Frank）的大，但智商没有朱莉亚（Julia）高，诸如此类。但这些标准背后的价值观是什么？

这种"更多循环"以及为其提供动力的剧本很快就扎下根来，要摆脱它简直难上加难。实际上，再多的物质也无法代替你内心的自我价值，但是物质可以轻易地摧毁你（还有你周围的一切）。这正是如今消费主义的设计套路："更多"的目标永远得不到满足，这让你一直被拴在仓鼠轮上，点击广告并下单那些根本无法实现自我满足的商品。

但是，如果人们停下来仔细想想的话，就会意识到这不是他们应该遵循的剧本。别人设定的目标无法企及，实现起来既费钱又费力，还会让人心生嫉妒，没有乐趣可言，谁会想为这种目标而活呢？

新剧本则透过这种"更多循环"带来的幻象看到本质，并认为：足够即可。

随着流变思维逐渐打开，你可以着手重置衡量标准，并编写新剧本。从对更多的无止境追求到对自己的"度"有清晰认识，这种转变很简单，但影响深刻。

了解自己的"度"并不意味着吝啬、苛刻或者生活在匮乏之中。如果你出现了以上反应（或者恐惧），那说明你完全误解了这种超能力。了解自己的"度"与你所想的恰恰相反，它会让你体会到大度和充足。（说来有些讽刺，在只关注"更多"的世界中，你永远找不到自己的"度"。但在只关注"度"的世界中，你反而很快会得到"更多"的东西。）

了解自己的"度"可以让你清楚地认识到什么才是真正重要的，不仅能减少焦虑，还会飞速提升茁壮成长的能力。通过打磨这种超能力，你的潜力可以尽情释放。

这种了解自己的"度"的超能力深知争相比较是无意义的，它能让你自己制定"足够"的衡量标准，衡量标准主要是以内在满足、意义、关系、弹性、发现以及帮助他人为基础。这些标准的意义远远超过了一个标签的定义。

这些衡量标准并不会打压他人的成功：没有谁是"更"感到满足的。相反，如果我们都很清楚各自的"度"，那么我们就能更好地互相扶持。

重点在于：在充满变化的世界里，当变化把你的生活搅得天翻地覆时，你的"度"就变得非常重要了。如果你还在仓鼠轮上奋力奔跑，不清楚自己的"度"，那么当变化来临时，你就会感到痛苦万分：可能是从轮上被击打下来且不知道何去何从的痛，或是社会标准下感到不足的焦虑（尽管如此你还是选择了这样的标准），还有维持一种"越来越多"生活习惯的不适和风险。换句话说，当变化来袭时，你需要得越多，或者你越不清楚自己的"度"，那么你适应变化的灵活性就越小。

但本可不必如此，本章探讨世界各地的人们、组织以及文化是如何在日常生活中解决这问题的。

今天的压力：太多和不够

确切地说，远超过自己"度"的人与那些基本需求尚未解决的人之间有很大的不同与冲突。换言之，跟想要让生活更简单的人聊天与跟操心养家糊口的人交流是完全不同的。

我们在第二章提到过，特权让人们看不清事物的全貌。它会限制你的剧本走向、剧本内容的设定以及让你难以相信剧本是可以变的。"绰绰有余"和"远远不够"这两种状态都在某种程度上与特权有关联，无论这种特权是由努力、他人帮助还是纯粹幸运所导致的。

你的"度"在哪里

■ 你如何定义今天的"度"？你和他人的定义是否不同？为什么？

■ 你如何定义自我价值？你所用的衡量标准是什么？

■ 你如何定义今天的"完全足够"？

■ 你如何定义今天的"不够"？

■ 当你在思考"度"的时候，通常会感到沮丧、有灵感、期待、恐惧、快乐，还是其他？

■ 帮助你打造更美好世界的"度"是什么？

结合以上问题的答案阅读本章。

虽然你的特权不会在寥寥几页章节中被剥夺，但为真正锻炼了解你的"度"这种超能力，在一开始检查你的特权变得非

第五章
了解自己的"度"

常有必要。为此，请参考以下自己可能拥有的特权的情况：

● 有足够多的钱但不够仁爱，这意味着什么？

● 衣服很多，但没有足够的新鲜空气去呼吸，这意味着什么？

● 待办事项很多，却没有足够多时间思考，这说明什么？

超过足够即太多，不够又会濒临危险。两者都不适合变化的世界。

了解自己的"度"意味着既要削减多余，又要帮助有需要的人。你需要明白，个人的"度"依赖于社会的"度"。举个例子，让你更好理解这种相互关系。

全世界的人都在担忧职场自动化的后果。比如，我的工作会被淘汰掉吗？如果工作过时，我该何去何从？职业、期望以及工作的未来都处在变化之中。在未来，是否会有"足够多的"人做"足够多的"工作，挣"足够的"工资，从而拥有"足够"体面的生活标准呢？

瑞典政府对此的策略是"保护人民，而不是保护工作"。它强调，政府无法保证（包括你自己的）任何工作永不过时，一项新科技（或是一场疫情、大众的喜好改变或是各种其他因素）都有可能导致你的工作被淘汰。然而，瑞典政府明确保证，如果你的生活因此受到了影响，那么政府将会用税收给予

收入支持和再培训，从而保护你的福利。

让我们停下来想一想瑞典政策的影响。失业从不是件容易让人接受的事，尤其是在充满不确定性的时代。你也许会陷入危机模式：渴望变得有创造力，拒绝承认之前发生的一切，甚至完全清除掉那部分记忆。你的职业认知早已消失不见（我们会在下一章讲到），留在手里的只有旧剧本的残页。

不过，如果你知道，尽管自己不会因为晋升获得比期待"更多的"声望，或者作为团队最有资历的员工获得"更多的"收入，但你的声望和收入仍然足够支持自己前行呢？那样的话，你就可以不去担忧那些不复存在的事物，反而关注即将发生的一切。

这本书虽然不是在讲公共政策，但是对于"度"的政策意义深远。这些政策会影响生产力、未来应对、企业文化、社会稳定，以及个人和集体的福祉。在那些灵活劳动政策缺乏或缺失的国家，人民担忧自动化问题也就不足为奇了。

在那些国家，由于缺乏基本收入保障、可支付的医疗服务，以及面向未来的再培训项目，不难想象，即使你做了应该做的一切努力，还是会陷入"不够"的漩涡。

用足够的心态领导

假设我们在进行一场实时交流，谈到了一到两个关于领导力的问题。你既是领导者，也是求职者，那么领导力在强调"足够"的世界中是什么样的呢？

我们在导言中提到过，旧剧本对领导力有着狭义的理解。但在流变心态和新剧本中，领导力有了新的、更广泛的含义，尤其是当造就伟大领导者的因素在变化世界中不断发展时。

与许多自诩为领导力大师的人将自己困在旧剧本中的做法不同，新的领导力从刚好足够的地方发挥作用。这种超能力不仅拆解了等级，或建立多元性、公平和包容（DEI），更是对负责任的领导力、长期发展、可持续性，以及信任都有积极影响。同时还会带来一些意想不到的结果。

我们先从信任开始讲起。第四章提及，在企业和社会中，不公平性越严重，不信任感就越大。如果你是领导，挣得的薪水远远超出部门同事，那你就已经营造了不信任的氛围，并让自己离足够越来越远。

问问自己，再问问同事：你是相信与团队薪水相当的CEO还是相信远超团队薪水的CEO？为什么？

接着想想自己留给世人的遗产。你希望自己因为什么被人

们铭记？你为什么做这份工作？

你的"足够"人格

为激发创造力，请不要过度思考，直接回答一下问题：

■ 你想要一艘船，还是一位有船的朋友？

■ 如果你有"足够"的时间会做什么？

■ 对你来说，给别人礼物是种损失还是收获？

■ 你如何处理多余的部分？

■ 想想那些发扬"足够"精神的人，你为什么认为他们称得上典范？

在旧剧本的引领下，你会用"更多"来回答这个问题：利润最大化、创立更大规模的公司、拥有更大面积的房子或者建造更大的游艇。但这些回答都与当今时代严重脱节了。

而在新剧本中，领导力和流变思维的答案却完全不同：给予每个人足够的报酬、确保每个人感到安全和有价值、平等而非阶级性地对待他人。

回过头来想想遗产问题。你离开人世以后，人们不会记得你是否拥有"更多"的东西，只会记住你生前是如何对待他们的。

2018年，有远见的建筑师凯文·卡维诺（Kevin Cavenaugh）在TEDx上发表了名为"多少才算够？"的演讲。他提到密尔顿·弗里德曼（Milton Friedman）在1976年获得了诺贝尔经济学奖，除此之外，他还提到密尔顿认为贪婪是好事。凯文还在他的演讲中设想了，如果是支持托巴·贝塔观点（"贪婪就是比刚好多一点"）的领导者获得了诺贝尔奖，在此之后，我们花了四十多年时间打造出重视创新与科技，同时确保所有人都在以足够的水平发展的社会，那会是怎样的光景。

四十多年后，我们看到了这种目光短浅带来的后果。在追求增长、利润、效率以及"更多"的时候，我们一直对培养关系、不公正，还有不公平缺乏关注（或仅仅是视而不见）。在我们一直让市场部忙碌运转，让所有的收益同步增长时，我们已经把消费者（换个更好的说法：人类）出卖了。

凯文（Kevin）如是说："作为房地产开发商，一种方法就是尽可能让房子变得寸土寸金，我称之为'贪婪的建筑'。另一种做法就是确保所有人都有房可住。这意味着要建造外观优美、价格合理的楼房，让人们乐于居住并足够满足他们的需求，而这才是我想留下的遗产。"

这并不是说凯文是个淡泊名利的人。但是他看待建筑的视角是建立在足够的基础上的，这会带来完全不同的结果。

就凯文和我自己的经验而言，如果你没有聊过"足够"这个问题的话，那你很难有效利用价值（包括金钱！）。这是因为：

当人们谈到更多时，他们关注的往往是交易：如何谈更多笔生意、如何靠人际交往盈利、如何赚更多的钱。整个交易的时间线很短，越早赚钱，就能越快套现。在这个世界里，人们都是消费者，是实现赚钱目的的手段。除了他们的支付能力，没人真正关心他们的福祉。

而在谈足够时，人们侧重于关系的发展：如何培养一辈子的友谊、如何建立可持续和以人为本的企业以及如何滋养这个地球。整个时间线很长，这是以人性为核心的终生领导力和经久不衰的遗产。

旧剧本和"更多"心态的领导方式将关系看作是具有交易性的，这会将关系直接扼杀（或者至少剥夺其本身的含义）。

而基于足够的领导方式则意味着将培养关系看得比其他任何事物都重要：这不是为了金钱，而是为了固有的和无法估量的价值。

关系经久不衰与交易完成后被束之高阁，你更希望以哪种方式被人记住?

更多的经济学

评估资本主义、消费主义和现代大众营销对人类行为的影响有自己的系列丛书。本书的着眼点并不在于此。但让我们大致看一下经济形势,并确定几个引领我们走向足够的关键地标。

几千年前,经济的英文economy的本意不是指产业或季度收益,它源于希腊语oikos,意思是"家"或"家庭"。在希腊语中,oikonomia(经济)意味着丰饶。

接下来,将历史快进到20世纪80年代前,当时公司与工人利润共享是很普遍的事。那时,普通的店员或工厂工人希望工作稳定,且有退休金。尽管国家、文化和公司规模之间存在差异,但总体而言,发达经济体的这种结构是正确的。确保所有工人有足够的资金来照顾家庭,并规划未来,这是明智、负责任的商业行为。

然而,自80年代后,这种模式就已经开始走偏。当时迎来了一个新的时代:以提高效率、生产力和底线为名义,削减成本、外包以及自动化。剧本从确保所有员工都有足够的资源变为只要投资者和市场分析师有"足够的"季度回报,其他人是

否"足够"有什么重要的呢?

以这种方式重塑旧剧本,其效果是惊人的,也是令人不安的。自20世纪80年代以来,与普通员工利润共享的做法几乎完全消失了,这在大公司里尤其明显。而与之矛盾的是,公司高管共享利润的时代正拉开序幕。

员工的整体福祉被削减到了之前的一小部分。自此以后,企业界就头也不回地跳上了"更多"的行列。

再看看今天,2153名亿万富翁所拥有的财富比46亿人,即占60%的世界人口总和还多。全球不平等已经在追求更多中愈演愈烈了。

我们的问题是,就像旧剧本提到的那样,资本主义沉迷于更多,且对足够过敏。

旧剧本让你的眼睛紧盯屏幕,钱包空空。它随时都在提醒你:你的任务就是购买和消费更多商品,而你永远也觉得不够。

你真的相信这个剧本吗?你是否问过自己对剧本的真实想法?

从我求学开始,一直到读哈佛大学的资本市场课程的许多年来,我都认为旧剧本是合理的。但是,当我试图将它应用到现实世界时,却发现它并不合适。它与我在国内外的观察和经验都不一致。

当然，风投家仍然一心想要实现财务回报的最大化，律师们继续寻求节税的结构，而可敬的经济学家则对"去增长"的前景感到恐惧。但恕我直言，这些利益相关者都在用一个破旧的、过时的剧本进行争论。

与此同时，我也亲眼看到，在印度的一些地区（和其他新兴经济体），25~100美元的资金就足以开办一个微型企业；在能够实现有效汽车共享的情况下，一辆车就足以满足几个人的出行需求；居民衣柜和橱柜里的资源可以让一个社区生活好一阵子了。"甜甜圈经济学"这种概念进一步推动了以上的想法，为长期、全社会的可持续发展提供了切实可行的设想。

关于"更多的"经济学并不是老生常谈，如今许多人被自己的期望和旧剧本所束缚。然而，如果我们应用经济并书写新的剧本，那我们将看到真正的丰饶，得到足够的益处。

更多心理

作为《动机：单纯的力量》（*Drive: The Surprising Truth about What Motivates Us*）的畅销书作者，丹尼尔·平克（Daniel Pink）接触到了许多关于更多心理学的研究和实验。他的发现很有启发性：大多数人以自主性、掌握性和目的性为动机。他们喜欢自我导向、改进以及做正确的事情，当有更多的这种结果可以实现时，他们就会受到激励。大多数人不会以得到更多的钱为动机。给予人们足够的报酬固然重要，但除此之外，它带来的效果微乎其微。

但是想想我们是如何构建薪酬方案和制定衡量标准的，我们就会发现事实并非如此。我们对赚更多的钱夸夸其谈，却很少把自我导向或非金钱上的满足看得比工资重要。

不仅仅是工资，我们也对成功上瘾。第一章提到过，焦虑使我们跑得更快，我们拥有的越多（地位、财富以及确定的未来），就越难放手。讽刺的是，我们越被认为是成功的，就越担心"不够"。

可惜的是，"足够"的目标是不可能实现的。这大概是"快乐水车"效应。当我在快乐水车上（假设它在仓鼠轮旁边）奔跑时，我从成功中得到的满足感很快就消失不见了，就像冲动消费后的短暂快乐。为了跟上水车的脚步，避免陷入"不够"的情绪当中，我必须快速奔向下一个奖励。我甚至可以牺牲自己的幸福感，过度工作，让这种成功的感觉持续下去。

正如投资者和作家摩根·豪泽尔（Morgan Housel）所说，"足够，就是意识到相反的情况——贪得无厌地追求更多——会把自己推向后悔的边缘"。

想一想上次你对一项成就感到自豪是什么时候？这种感觉持续了多久？

（直到你坐下来真正思考这个问题才发现）最匪夷所思的是，即使是超级成功的人也会羡慕他们认为更成功的人。为什么呢？因为"更多"是与你的参照群体中的其他人相比较而言的，无论这个群体是百万富翁、教师，还是家庭主妇或主夫。换句话说，对更多的追求是永无止境的。你永远无法到达目的地，因为路标会不断变化，如此反复。

也就是说，直到你病倒或大限将至，才能发现自己被"更多"心态所困住。这时，你才意识到追逐更多的东西既不是生活的重点，也不会给生活带来意义。从表面看，你的生活很充实，但其实，你的内心已经瓦解了。于是你就会想：这样有什么意义？

衡量标准和价值

指标衡量的是我们所珍视的事物。我们对时间的花费体现在我们对爱的表达上。

> ● 你更佩服谁：是把时间花在让自己达到人生顶峰的人，还是帮助别人实现梦想的人？你是如何花费你的时间的？
>
> ● 你更喜欢花时间还是花钱的衡量标准？
>
> ● 你看重的是什么，以及这如何反映你的价值观？

当世界发生巨变的时候，从某些方面来说，这个问题问起来就更容易。当你这样做的时候，你就会直面流变思维。了解自己的"度"意味着拥有清楚的内心。有了这种超能力，你就能让那些嘲笑你"不够"的嘈杂声音安静下来，并接受你已足够的事实。

从更多到足够

随着与旧剧本不断剥离，你开始评估今天的现实，新的剧本开始浮现。你认识到：

● "太多"和"不够"之间有很大区别。

● 你的足够取决于你的世界观是丰富的还是匮乏的。

● 我们目前的体系被设计成让人们渴望更多，即使人们的渴望已经够多了。

● 今天的社会由危险的"足够"代理。你越是试图通过买东西来获得爱或成就感，就越会感到孤独和不足。

● 不平等和基本安全（收入、食物、住房、健康）是足够的催化剂。

● 没有太多的爱，没有太多的同情心，也没有太多的人性。

当流变思维打开时，你就能够接受这个新剧本。当世界发生剧变，明天活在猜想中时，如果你知道自己的"度"，你就能够应对变化。

现在，让我们探讨几个容易掌握的方法来实现这一目标。足够就是足够!

先做减法，再做加法

追求更多的心态以一种令人难以置信的速度蔓延开来。这不仅仅是渴望更多的成功。我们开始相信，生活的方方面面都可以通过加法来改善。一个新朋友、一辆新车、一个新角色、一个新房子、一件新衣服、一个新玩具、一次新的旅行、一个新的见解：所有的一切都应该使我们的生活更美好，更快乐，更充实。对吗？

大错特错。

新想法、新关系、或新发型，无疑可以鼓舞人心，甚至可能改变你的生活。但是，每一项的增加都会加入待办事项中，

并增加对有限时间的要求。

如果你不是通过加法来达到你的"更多"，而是通过减法来找到你的"足够"呢？

做减法的方式有许多。你可以先从小事做起，这里有一些最受欢迎的：

- 取消订阅一份杂志或频道。

- 删除一个手机应用程序。

- 平缓地结束一段负面关系。

- 委婉地拒绝一个邀请。

- 不要因为某项义务而心有愧疚。

- 每周减少一个工作日的会议。

- 卖掉十年来没有使用过的健身车（或其他自己选择的电器）。

- 捐出一件你已经很久没有穿过的衣服。

- 从一个不再能激励你的俱乐部或团体中退出。

- 关掉电视，消除背景噪声。

- 清空你的杯子，而不是填满它。

- 丢掉阻碍自身发展的心态。

- 累了就休息。

减法不仅简化了我们的生活，还创造了时间、空间和资源，让你投入到真正重要的事情上……这实际上让你获得了更多成就和成功的机会。

给予

慷慨是自由奉献的精神。变得慷慨是指知道给予他人快乐。真正的慷慨不是记账，而是不求回报的。

在旧剧本中，追求"更多"的人将慷慨视为"变得更少"。如果我的目标是比别人拥有更多，那我为什么要把东西送出去？

但正如我们所看到的，在一个流变世界里，这个旧剧本灰飞烟灭。有了流变思维和新剧本，慷慨是一个超级力量的推动者。

正如亚当·格兰特（Adam Grant）在其具有影响力的《沃顿商学院最受欢迎的思维课》（*Give and Take*）一书中所说的，最成功的人是最慷慨的人，同时，他们也知道何时和如何寻求帮助。慷慨的领导者明白，对世界产生最大的影响意味着给予自己最大的力量，而不是为自己获得最大的利益。要得到更多，首先就要付出更多。

瑜伽和减法

在瑜伽哲学中，梵行是无欲无求的原则。这种情况在现代并没有持续很久，今天的梵行意味着适度地生活。

当你剥去自己的一切不真实，以及使你无法感受到你是谁的外物时，你就能把更多的真实自我带到生活中。通过减去无法体现真实自我的部分，你就能完完全全地成为自己。

夸富宴（potlatch）是加拿大第一民族和北美其他土著部落的一种送礼盛宴。夸富宴这个词来自奇努克混合语，意为"赠送"或"礼物"。在夸富宴中，领导者赠送出他们的财富：财力是通过赠送给部落其他人来展现的。这里指的并不是象征性地捐赠，也不是送出几千块而自己保留几百万。夸富宴意味着把自己赖以为生的资源拱手送人。

夸富宴体系可以防止任何一个家庭积累财富，在这个过程中邻里关系和社会和谐也会得以加强。深入了解就会发现：就夸富宴的例子来说，你给得越多，表现得越脆弱，你就越强大且越受尊敬。

对于使用旧剧本的人而言，夸富宴似乎是荒谬的。但是如果从开放的流变思维和新剧本的角度看，夸富宴体系是语言难以描述的智慧。它是一种古老的传统，具有永恒的价值。

夸富宴让我们不得不重新思考对财富的看法。财富不是个人拥有的东西，相反，它是与社区共享的。领导者所送出的物品并没有损失其价值，它只是被分配到了各户。最终，这种价值会被成倍归还。

点燃失败的风险

近年来，财务独立，提早退休（燃）运动确实火了起来。世界各地的人们都在学习节俭生活，积极储蓄，并摆脱仓鼠轮（包括常常令人乏味的工作）。

一方面，燃运动可以被看作是终极的足够：一种对更多的过敏反应。另一方面，燃越来越受到批评，因为它掩盖意义和动机。如果你以前没有人生目标的话，提前退休也不会带来任何改变，事实上，它反而可能加剧你的不满足感（更不用说在流变世界，缺乏生活保障会使你感到不安）。

但是，只要燃运动能帮助人们重新思考自己的"度"，并注意拓宽自己的选择面，它就能带来转变。只不过，我们要注意点燃失败的风险：如果没有意义和动机，最好的燃意图可能也会化为乌有。

当世界处于巨变之中时，我们比以往任何时候都更需要彼此。我们需要彼此的支持、智慧、指导、存在，偶尔还需要一

个哭泣时可以依靠的肩膀。我们需要彼此的慷慨。

了解自己的度意味着知道自己付出的越多，就会让别人的生活越好。让别人的生活越好，他们对世界的贡献就越大。他们对世界的贡献越大，你的生活就越能得到改善……如此循环往复。

你自己的夸富宴是什么呢？

从满足中了解自己的幸福

古代人和土著文化在描述幸福的含义时，几乎从不使用幸福这个词。相反，他们使用"满足"这种词。为什么？

可以先想想什么使你快乐。也许是看到所爱的人，或好天气，或好消息。也有可能是由于一些自身以外的因素：外部环境、人或事。

现在想想是什么让你感到满足（如果你把满足等同于幸福，这说明你可能需要进一步了解）。满足感完全来自内心。

换句话说，获得"幸福"总是不受自身控制的。此外，它也是转瞬即逝的。就在你刚得到幸福的时候，它就被带走了（你能想到在什么时候、什么地方、什么情况下，幸福是永远存在的吗？我的感觉是：没有）。所以你又开始寻求它，而这个循环又重复了。这并不意味着你不应该努力争取幸福，只是要小心它的局限性。

而满足感就不一样了，它完全在你的掌控之中。此外，如果你知道满足感从何而来，用到何处，那这种感觉就可以永远伴你左右。

满足感的英文来自拉丁语词根contentus，意思是"抱在一起"或"容纳"。它最初用于描述容器，后来也形容人。如果一个人感到满足，他就会觉得自己是完整的，并在内心被包成一体。换句话说，满足是一种不管外部发生什么，都是"无条件的完整"的状态。

注意满足和足够之间的重叠部分。两者都植根于内在的充足。（再复习一下本章开头的希腊语"足够"一词，enenkeîn）。了解自己的"度"使你离满足更近一步。无须做得更多，也不赞成做得更少。

不丹文化对这种心态有一个特殊的词：chokkshay，翻译为"足够的知识"。

在不丹，它被认为是人类福祉的最高成就。"它基本上意味着，就在这里，就在此时，不管你在外面经历了什么，一切都完美如初。"

足够、满足，以及足够的知识都是新剧本的一部分。它们是为一个变化中的世界而设计的。当变化袭来时，"足够"和

"满足"使你立足。它们提供稳定和基本的方向。相比追求幸福或更多的东西，它们更容易达到和维持。足够和满足是由你自己决定的，且除了你之外，其他人无法改变。它们其实反映了使你确切、完美、充满变化的本质。

脱下超级英雄斗篷

旧剧本教导人们（有意识地和无意识地）用物质财富代替情感中的安全感。感觉不到足够的爱？去买一件新衣服吧。没有足够的自信？去做整形手术吧。不觉得自己足够重要？开一辆豪车吧。没关系，这些东西只不过会让你负债累累罢了。它们是斗篷，或补丁，填满任何你感到不足的部分。

这些旧剧本中的斗篷并不限于你的外表或拥有的东西，它们还延伸到你以何种方式展现在这个世界。

我第一次听说"超级英雄斗篷"是在格伦农·多伊尔（Glennon Doyle）精彩的TEDx演讲"来自精神病院的教训（Lessons from the Mental Hospital）"中。她说的不是汽车或整形，而是作为人类的普遍不适和混乱，以及许多人被包裹在超级英雄斗篷中，并没有真正反映真实自我。我们坚持与自己不符的形象，自称比自己的内心感到的要"更多"。然而，这些超级英雄的斗篷并不能让我们自由地实现超人的壮举。恰恰相反，这些斗篷会埋葬、掩盖我们，并把真正的自我（和我们内心的声音）隐藏起来。我也是如此，在大部分人生里，我都穿着斗篷。

超级英雄斗篷可以让人伪装出完美形象。

完美主义让人无法放下期望。它也是"足够"（具体而言，"足够好"）的敌人。

当你真正意识到这一点时，你就能够脱下你的斗篷，把完美主义留在门口，并拥抱足够了。最令人惊讶的是：这样做的时候，你也发现了一个最佳位置。它位于你的最优努力和完美之间。如果你真的对某件事情付出了最大的努力，但又担心它仍然不完美，那也没关系。这就是人类，也是辉煌。把它带到更广阔的世界，让其他人帮助它变得更好，这就足够了。

了解自己的"度"并知足

故知足之足，恒足矣。

——老子

归根结底，了解自己的"度"也就是知道你已经足够了，就像你现在这样，就在这里和现在。（这不是打字错误，你的和你都很重要。）流变思维可以直观地了解这一点。你不是由购买力来定义的，我也不是陷在追逐更多东西的困境中。你的价值来自内心。

当你能利用其他流变超能力时，尤其是当你学会看到不可见（第二章）和从信任开始（第四章）时，了解自己的"度"变得特别容易。这些流变超能力共同揭示了一个富足的世界。它们显示了你的流变思维在积极地发挥作用。

了解自己的度，可以让你更容易驾驭变化、不确定性和未来。你（和你的孩子）越早了解自己的"度"，且明白你已经足够了，你（们）就会越早变得更好。帮助他人识别和理解他们的"度"，使你和他们离一个可持续的、人性化的、准备好应对变化的世界又近了一步。

我真希望7岁的我就明白这些道理。

反思时间

1.更多是越多越好吗？为什么？

2.当你送给别人礼物时，对你来说是损失还是收获？

3.今天你如何定义"足够"？你和别人的定义一样吗？为

什么?

4.你如何定义自我价值? 你用什么标准来衡量?

5. 想一想有谁称得上是"足够"的典范。你这样认为的理由是什么?

第六章
打造组合式职业生涯

你不想事事精通，只想独一无二。

——杰瑞·加西亚（JERRY GARCIA）

自从高中毕业以来，几乎每隔四年，我的生活就会发生一些变化。像时钟一样，每隔一段时间，我就会蜕变。我变得坐立不安，急需再上一层楼。我已经准备好种植新的根系或改变方向。有时，这是一个重大的转变，例如离开律师事务所，或放弃读硕士，去做徒步旅行向导。其他时候，这种蜕变更微妙。不管怎么样，现在是时候重新调整我的指南针，在我的生命之书上写下新的篇章了。

在我20多岁的时候，人们为此对我进行了各种抨击。他们说我的简历毫无意义，预感我的未来会一塌糊涂。当时的我也觉得自己有问题，因为我对这么多事情感兴趣，而不愿意只追求一件事。即使其他人都专注于攀登公司的升职阶梯和确定自己的专业领域，我却不甘心只选择一个重点领域发展。

再来看今天：拓宽一个人的职业发展重点似乎不再那么奇怪，但我们在很大程度上仍然缺乏发展这种职业的语言和基础设施。在全球范围内，劳动政策和期望仍然扎根于我们称为"职业"的工作单位。隐含的期望以及目标是你将长期为别人工作，并且不会偏离这条道路（至少不是自愿的）。诚然，现在有许多工作和建立职业生涯的方式，但它们中的绝大多数仍

然以各种方式围绕着旧剧本。

然而，这个旧剧本正在坍塌，这些期望与现实越来越不一致，这种情况一天比一天严重。

在过去的几年里，我一直在做关于未来工作的主题演讲。我谈到了独立工作者和自由职业者的崛起、远程工作和数字游民的增长、自动化的影响以及所有这些对教育和公共政策的影响。新冠肺炎疫情让我们明白，工作的未来并不在未来，而是在现在。我们在两个季度内完成了对远程工作和"随地工作"的十年预测。同时，空前的失业率让数百万工人不知道下一步该怎么走，学校和大学都在争论，前路尚不明确。

专业人士会问：这对我的事业来说意味着什么？

父母会问：这对我的孩子来说意味着什么？

企业领导会问：这对我们的团队、战略、企业文化还有未来意味着什么？

我猜，你可能也在问这些事情。旧的剧本已经摇摇欲坠，但在许多方面它的问题很容易被掩盖。然后，疫情点燃了它，我们就突然意识到这个剧本是多么过时。现在我们每个人——你、我和所有的人才，都必须为我们的事业、生计和职业目标写一个新的剧本。你的剧本可能已经在起草阶段了，有了流变思维，它可以得到应有的关注。

超能力：打造组合式职业生涯

为了在一个不断变化的世界中获得成功和满足，要把你的职业当作一个需要策划的组合，而不是一条需要追求的道路。

连续创业者罗宾·蔡斯（Robin Chase）很好地总结了这一点："我父亲一生只有一个职业。我的一生中会有六种职业。而我的孩子在任何时候都可以有六种职业。"

亚历克斯·科尔（Alex Cole）在娱乐界工作了十年，又在营销界工作了十年，在咨询界工作了十年，最后在五十出头的时候开启了最新的冒险：与他的妻子和女儿共同成立一个瑜伽工作室。工作室最近举行了十周年庆典，所以他正在考虑下一步的计划。

黛安娜·马尔卡希（Diane Mulcahy）把她的一年四季看作是动词。她是一个金融奇才、战略家、讲师和作家，每个季度都做着不同的工作。这也使她的一整年都在美国和欧洲之间奔波。

宾塔·布朗（Binta Brown）离开了为《财富》100强公司提供咨询的法律顾问职位，转而作为音乐艺术家成立了自己的公司，同时她还会吹萨克斯，并制作成纪录片。

玛丽·纳卡玛（Mari Nakama）是一家科研公司的项目经

理和培训师。她也是一名健身教练，也是服装师，并与她的伴侣共同经营一家陶器工作室。每个角色都在以不同的方式培养她。

作为海洋保护学的教授，恩里克·萨拉（Enric Sala）看到自己"正在书写海洋生命的讣告"。因此，他离开了学术界，转而从事全职环保工作，领导研究团队并与政府合作，创建第一个海洋保护区。

以上的每个人都有组合职业。他们的职业生涯不是直线，而是一系列的曲折、转折、旋转和跳跃——有时是因为他们需要或被劝说，但通常往往是因为他们自己想这样做。他们意识到在生活中还有更多的事情要做、要学习、要建设、要尝试，于是他们奋起直追。

新的职业剧本不是追求一条单一的道路。流变思维很清楚，未来的职业看起来更像一个投资组合：一个多样化的职业身份，根基强韧且为你量身定做。

实际上，组合式职业生涯通常会导致：

● 收入来源的多样化，这实际上可以提供比传统工作更多的安全感。

● 掌握对职业的所有权。与别人给予你的工作不同，组合职业不会被轻易地夺走。

- 一个扩大的职业社区。

- 随着时间的推移，你的工作会有更多的意义和灵活性。

- 一个独特的职业身份，在变化的世界中不断发展和壮大。

- 让你自己变得不可自动化（或防止自动化）。

创造一个组合职业并不意味着缺乏野心或没有"真正的工作"。实际上，组合职业正在悄然但又迅速地成为最受欢迎的就业选择。

我现在回想，其实早在20多岁的时候，我就对组合职业感兴趣了，但当时并没有太多的选择。所幸现在情况不再是这样了。

今天，这已经远远超出了个人的喜好。当工作、就业和职业道路的旧剧本在你眼前破灭，工作的未来本身也在不断变化时，组合职业提供了弹性和积极主动的战略，使你在职业生涯中茁壮成长，而不是被变化的大风折腾得摇摇晃晃。

组合究竟是什么

当我们在说组合的时候，多数人通常会想到金融、商业或者艺术领域：

- 投资者使用投资组合的方法来分散风险。传统的财务顾问推荐的投资组合包括股票、债券和现金。

● 风险资本家根据其承受风险水平建立投资组合。

● 高管们经常使用投资组合理论（由波士顿咨询公司在20世纪70年代首创的产品组合矩阵）来分析他们的业务部门、战略和远见。他们使用投资组合的目的是为了管理未来的风险和回报。

● 办公室经理和人力资源部门领导使用投资组合来保持组织性。

● 当然，艺术家也会打开自己的作品集，展示她真正引以为豪的作品——她生命的画布。

组合职业从这些不同的用途中获得灵感。它可以是连续的（一次一个角色或职业），也可以是同时的（一次多个角色和活动）。组合职业者往往能创造出比任何单一角色更完整、更个性化、更现代、更具适应性、更有个人价值的专业领域和生活方式。

组合（portfolio）一词来自意大利语portare（携带）+foglio（纸片）。换句话说，你如何携带最重要的文件？什么东西包含在你的人生之书里？

就我而言，我的每一项职业都相当于一张纸、一张草图或一项投资。我的职业组合包括演讲者、未来学家、顾问、律师、徒步旅行向导、全球发展主管、投资者、瑜伽练习者，以及书籍作者。目前，我的大部分职业都持续了四年以上。

重要的是，一个人的组合职业并不局限于职业角色：它包括那些通常不在简历中出现但从根本上使你成为自己的能力。例如，作为一个孤儿、环球旅行者、永不满足的倒立者，以及心理健康倡导者，这些身份都包含在我的组合职业中。

同样，组合职业者在技能发展方面也很聪明机智。当我还是徒步旅行向导时，有些人嘲笑我没有认真对待自己的职业。但他们没有看到的是，作为一名向导，我不仅通常每天工作十八个小时，起得最早，睡得最晚，而且每天都在学习如何进行项目管理、适应差异、平衡预算、建立团队、确保安全、创造偶然性、建立终身友谊并确保每个人都感到快乐。向导工作提供了一个实用的小型旅途MBA，这在传统的课堂上是很难再现的。

此外，组合职业并不是严格意义上的"自己当老板"。最重要的是，打造组合式职业生涯使你有能力做到这一点，但你的组合本身应该包括你曾经担任过的每一个角色——包括有老板的工作、你痛恨的工作以及你遵循旧剧本的工作。（我的组合也包括这些东西。我厌恶的工作仍然教会了我很多道理。）组合是一个容器，可以让你所有的技能和能力，无论是在哪里

学到的，都可以混合在一起。

在人们因我的"非传统"简历而对我大加指责的几年后，这些人再次出现在我的视线中。我仍记得那一天，本以为谈话的内容与之前大同小异，他们却说："我们很清楚你现在所做的事情。但仔细想想，我们想知道怎么做才能像你那样？"

从道路到组合

在20世纪的大部分时间里，典型的职业道路看起来像一个梯子、一个自动扶梯或者是一个箭头。旧剧本牢牢扎根于此，并传达出明确的信息：一级一级地沿着梯子往上走，每一次晋升都会让你向顶峰的最终目标再迈进一步。箭头会飞得很远，而且是直线方向。自动扶梯也会直线向上移动。如果一切顺利，你的未来就会被注定，最好是接近家庭、社会和其他外部指标所确定目标的靶心。

为了使这个阶梯或扶梯发挥作用，许多人需要相信他们自己可以成功地爬上去。因此，我们开发了一种职业发展的线性观点，它基本上是这样的：

- 努力学习，并取得好成绩。
- 上大学或职业学校，专攻一个可就业的学科或行业。

- 找到一份工作。

- 做好上述工作，长期坚持。

- 获得晋升。

- 退休。

这种线性思维方式在很长一段时间内都很有效。那时，岗位充足，工作繁多。大多数人每天都在同一时间去同一个办公室或场地。他们遵循旧剧本：坚持走既定的路，避免走弯路。大多数人只是意外地偏离了他们的职业道路；职业变化通常被视为不幸的事故。公司的阶梯仍然牢牢地站在那里，承诺在顶部有一个独立的办公室、华丽的头衔和威望。

沿着这条直线，个人被他们"做什么"所定义。你的自我价值感被包裹在你所处的那一级梯子上。一旦你找到一份工作并开始一心向上，你和其他许多人都没有停下来考虑，如果梯子摇晃或断裂，或者如果有一天你不再想在上面，会发生什么。

然而近年来，这个阶梯无疑是摇摇欲坠的，旧剧本已经破烂不堪。看看疫情前的数字：

- 自2008年以来，美国94%的净新增就业岗位都不是全职性质的。

- 43%的应届大学毕业生从事的工作不需要大学学位。其中近三分之二的人在五年后仍未充分就业。

● 独立工作者和自由职业者——没有任何"工作"或职业关系的人，其增长速度是其他劳动力的三倍。2017年，47%的千禧一代已经是自由职业者。到2019年，整个美国劳动力的35%（包括53%的Z世代）是自由职业者。预计到2027年，自由职业者的数量将超过雇员。请注意：自由职业者既包括希望获得更多灵活性的常春藤盟校毕业的首席体验官，也包括为维持生计而努力工作的低技能工人。

● 77%的完全自由职业者表示，与传统工作相比，他们能更好地平衡工作与生活之间的关系。86%的自由职业者（和90%的新自由职业者）表示，自由职业的好日子即将到来。

● 要达到顶峰更难了，而且更多的人意识到顶端并不是他们想去的地方。

虽然这些统计数字中有许多来自美国，但它们所代表的是全球趋势。许多国家的自由职业者增长率略低，但总体增长轨迹是相似的。

这些转变是由企业行动、个人觉醒和技术革新的强强联手所推动的。推力和拉力都在起作用：

● 公司的驱动力是降低成本，提高利润和效率。平均而言，全职雇员比自由职业者的工资成本更高，且安排更不灵活。

● 个人正在觉醒，意识到今天的企业制度从根本上是为了经济利益而不是人类的繁荣。无论是过度工作、工作主义、毫无意义的工作，还是仅仅感到价值被低估，员工们都受够了。他们希望以有意义、有价值的方式度过一天。此外，人类寿命的延长意味着人才能够（而且往往希望或需要）比以往工作的时间更长。

- 技术是一种助推火箭。它让寻找人才、赚取收入、创造品牌以及将工作自动化变得更加容易。

再加上疫情，这些转变进入超速状态。伴随着空前的高失业率，公司正在加快推动自动化——尤其是因为机器不会生病或抗议，却没有充分认识到这样做对人类的影响。正如未来工作战略家希瑟·麦高恩（Heather McGowan）所说，"无论什么目的，我们都将以更少的人达到这一点"，更少的蓝领工人、更少的白领专业人士、更少的应届毕业生、更少的雇员，如此种种。

但是：

- 如果今天有的工作明天就没有了，那么该如何避免失业的永久循环？

- 如果你已经用当前的职业身份来定义自己了，那么你如何避免因职业的变化，或者仅仅是失去工作而引发的身份危机？

- 如果你的孩子在读完本章后，向你寻求应该学习什么或

应该如何"找工作"的意见，你会说些什么？

组合职业是以上答案的一部分。它是你，也是你的孩子在今天、明天和整个未来的在职业上茁壮成长的超级力量。

重新定义你的职业身份

几个世纪以来，职业身份——商人、农民、护士、士兵、僧侣或学者，塑造了一个人的整个人生。我们的剧本体现了我们的职业，以至于许多姓氏都是与职业有关的：库珀（Cooper）、米勒（Miller）、索耶（Sawyer）、史密斯（Smith）。

近来，我们看到了从"I型人"（在一个主题上有很深的专业知识）到"T型人"（在经验和专业知识上有广度和深度）、"π型人"（在几个领域有深度了解），甚至"X型人"（有广度、深度、多样性和延伸到新领域的能力）的演变。流变世界是π型和X型人的世界。你可能已经感觉到了这种转变，或者已经是一个"π型人"，但你并不知道有这样的名字。

工作的未来是流动的，而不是固定的。你的职业未来也同样是流动的，不是预先确定的路径。你不再受制于别人给你的（或从你手中夺走的）旧剧本。现在是编写新剧本的时候了——你独特的、个人定制的职业组合。

建立自己的组合

当工作、就业、职业发展和工作本身的未来都在变化时，组合职业提供了一条更有可能茁壮成长的道路。但是，一个人如何真正写出这种新剧本？一个适合这个未来的身份到底是什么样子的？发展组合职业包括两个阶段：创作和策划。让我们依次讨论。

第一步：组合职业里面已经包含什么内容

首先：无论你是否意识到，你都已经开启一个组合式职业生涯了。你只是不一定对它有什么策略。这个练习可以帮助你开始。这需要花点时间，但是很值得。

抽出一张纸（或打开一个空白的文档），并写以下内容：

- 你曾经担任过的每一个角色，无论是有偿的还是无偿的。

- 你拥有的每一项帮助他人的技能。

- 你所知道的每一个比别人知道的多得多的话题。

- 你眼中自己的超能力。

- 别人眼中的你的超能力。（我们竟然对自己的一些超能力视而不见！）

- 你在过去六个月里学到的任何新技能。

● 在你的简历中，你真正喜欢的任何能力或活动，无论它们是否已经成为"工作"的一部分。

● 任何不在你简历上，但却帮助你达到了今天的地位的能力、技能或经验。

将这份清单放在一边。仔细考虑，明天再填一次。要想得广一点。你是否列出了每一项技能，包括那些你从来没有得到过报酬的技能？你是否涵盖了每一个主题，包括那些超出旧剧本所说的"专业领域"的主题？

有些人喜欢把他们的组合想成是一个便当盒，每个技能都有自己的位置。有的人则认为它像一个攀登架或一个格子，而不是一个阶梯。我喜欢把它想成一朵花。每隔几年，我就会通过获得一项新的技能或延伸一个新的或邻近的领域来创造一个新的花瓣，在那里我可以使用自己的技能（下面会有更多介绍）。时间越长，我的职业之花变得越大，越多彩，越有趣，也越有价值。在所有迭代中，我扎根于成就自己的东西，并且继续发展。

第二步：成为唯一

一旦你整合了组合中的内容，接下来才是真正的乐趣。下面的步骤部分是个人的生之意义（ikigai），部分是专业的柔术

（jiu-jitsu），还有部分是重大风险管理。这也是为了使自己在未来的岁月中免受自动化的影响。你正在描绘你独特的职业前景和视野。

生之意义是一个日本的概念，意思是"存在的理由"。它被翻译成生命的目的或意义，或使一个人的生命有价值的东西。这是你早上一起床就开始忙碌的原因，它也是你的最高使命。你的生之意义是独一无二的自己。

生之意义通常被描绘成以下四点的融合：

- 你所擅长的
- 你所爱的
- 这个世界需要的
- 你能得到什么样的报酬

组合职业与零工经济

组合职业不是零工经济，尽管"零工"可以是组合的一部分。

零工经济通常让人联想到为短期工作而忙碌、逐底竞争的平台。这与组合方式明显不同。

> 有了职业组合，你就可以着重打造一个充满技能的组合。你的组合随着时间的推移不断发展和壮大。在任何时候，组合中的一些内容可能包括一些临时工作，它们本身可能算得上是零工经济的一部分。但重要的是，你正在有意地策划这些技能、服务和机会，将它们作为灵活和面向未来的职业生涯的一部分。

这就是你的组合的闪光点。不会出现两个人有相同的生之意义的情况，因为不可能有一模一样的两个人！

职业组合者会努力弄清楚世界真正需要的是什么，将其映射到她所拥有和喜欢的一系列技能中，并整合成一个允许持续发展的商业模式。这一切的重点不是要达到阶梯的"顶端"、道路的终点或获得更多的薪水，而是持续的成就感和对世界的乐于贡献。

回过头看杰瑞·加西亚（Jerry Garcia）的话。不要做最好的，要做唯一的。你怎么做到唯一？一个人"唯一"的关键是，它不是关于一种技能。它是关于你的技能、能力、兴趣和梦想的独特组合。这是你独特的新剧本。

例如，你可能被培养成一名律师，喜欢历史和烹饪，并在周末骑自行车远足。有比你更精明的律师、更有知识的历史学家、更敢于创新的厨师和适应更快的自行车运动员。但是，对于开展自行车旅行业务的旅游公司来说，有谁比你更适合做专注于世界各地的食物、葡萄酒和历史的法律顾问吗？也许没有。

热情：不强制要求，不过分强烈推荐

人们常常为热情的作用而展开激烈辩论。有些人怀疑他们是否可以通过做自己喜欢的事情来赚钱。其他人则不想这样做，因为将快乐的源泉货币化——将热情变成职业，会改变他们与这种快乐的关系。在"热情经济"中，你喜欢做的事情可能成为你必须做的事。

也就是说，了解你真正热爱的东西，其价值堪比黄金。在具有挑战性的时期，拥有热情会使你更容易渡过难关，而消除这种热情可能是很残酷的。

如果你没有热情也不要担心。想想什么能激起你的好奇心，并对此进行密切关注。继续关注，注意出现了什么，再接着关注火光四射的时刻。

如果你确实有一种热情，请滋养它。与他人分享。而且永远不要把它视为理所当然。

也许你是一个热爱物理学、摄影和照顾年迈父母的金融专家，或者是一个喜欢兰花、帮助年轻人学习编程和伯恩山犬的工程师。（越具体越好。这虽然并不能保证你一定能找到一个完美对象，但它使你的"独一无二"更容易定义。）

重要的是，你的生之意义是独一无二的，它可以以无数种方式出现，每一种方式都因其自身原因而令人大受鼓舞。一个组合职业并不是做一件事很多年，碰壁了再想下一步该怎么做，它包含了多种可能性、组合和机会。

第三步：像花一样交叉授粉

在投资组合的职业生涯中，你很少停留在自己的轨道上。你是一个交叉授粉者。你利用有用的技能或专业知识，将其转化为其他方面的机会，而且往往是在一个完全意想不到的领域。你能跨越问题、角色、团队和行业进行转换。你利用你的指南针的方向发现新的洞见。在这个过程中，你创造了新的价值，帮助他人提高水平，并激励他们也写出自己的新剧本。

旧剧本说：找一份工作，做别人让你做的事。

而新剧本说：创造一个角色组合，做别人做梦都想不到的事情。

旧剧本说：如果你上了法学院，那就做个律师。

而新剧本说：法律学位是现有的最有可塑性、最强大的学位之一。它激发了创造力。你可以用它做更多的事。

回到罗宾·蔡斯（Robin Chase）的观点。你很可能有6个或更多的职业，甚至可能同时进行。在你的组合中也要进行交叉授粉。

每当你交叉授粉时，你都在收集和整合一路上学习到的新知识。你同时也在磨炼自己的指南针和加强根基。如果做得好，这是一个螺旋式上升的过程，你会改善你沿途所接触的一切。你把新的见解带给那些急需它们的人。你帮助别人不仅看到森林和树木，而且看到森林之外的东西。你提醒他们，前进的道路不是在树上，而是在树与树之间：就在我们面前，但我们却常常错过。

为了有效地进行交叉授粉，你必须了解旧的剧本，并富有成效地改变对组合主义思维的阻力。很多时候，阻力的来源是恐惧或者缺乏意识，或两者兼有。按照旧剧本的思维方式工作的人们经常因为组合职业感到困惑。他们认为，每一次行动都意味着从头开始。他们的态度是："你到底为什么要这样做？！"

同时，任何已经开启了"流变思维"并正在写自己的新剧本的人，都把组合职业看作是一种进化：每一步都是改进、增加、扩展和冒险，与你不断发展的自我相一致。这种态度洋溢

着一种"让我们开始吧！"的热情。

第四步：重新定义你的身份

当你开始拥抱自己的组合时，你就准备好采取这一步了。

拥抱一个组合职业意味着超越任何一个身份、故事或关于自己的叙述。

有了流变思维和组合职业，你不再被你做了"什么"所定义。你不会被一个头衔、一份具体的薪水或一个角落的办公室、一个职业所定义。虽然你有许多技能，但你也并不被它们所定义。

相反，你利用你的所有能力，不断重新构思它们如何能够以新的方式组合和呈现，创造新的价值并打开新大门。

你的作品集反映了你的根基。它是你的新剧本，是你未来的基础，是适合你不断发展的身份。

第五步：策划，永无止境

一旦你的组合大体上搭建完毕，你就可以进入策划模式。这是你正在进行的、常青的事业：这是一个剧本，只要你还在呼吸和思考，你就会继续写下去。以投资者、行政人员、经理或艺术家组合的观点与你是否最有共鸣为基础，策划可以采取以下几种不同的形式：

"你做什么工作？"的演变

"你是做什么的？"这往往是人们见到新朋友时问的第一个问题。（通常在旧剧本中也有体现。）我们问孩子，他们长大后想做什么。当然，我们问的是目标、价值观、热情和梦想……这些都是值得称赞的意图。但在一个不断变化的世界中，这样问还有意义吗？或者说，如果一个机器人让我的工作过时了，一挥手就让我的职业身份不复存在，那么我又是"做"什么的呢？

"你是做什么的？"从根本上说，这是一个错误的问题。相比之下，"是什么激励和鼓舞了你？"要更好。然而，最好的办法是问一些问题，让人更多地了解一个人的独特剧本——是什么让他们造就了自己，不管世界可能发生什么样的变化？

所幸的是，如今有许多不同的查询路径可供选择。这里有几个最常用的例子。你还有哪些可以加入？

■ 今天是什么让你来到这里？

- 谁在生活中给了你最大的启发？

- 你最感激的是什么？

- 你最自豪的是什么？

- 你曾经遇到过的最好的老师是谁？

- 你会邀请哪6个人，不论他们健在还是离世，去参加一个私人晚宴？

- 你会如何描述你内心的指南针？

- 你的生之意义，或存在的理由是什么？

- 你希望更多的人问你什么问题？

- 投资者：重新平衡你的组合

- 执行者：使你的组合现代化

- 经理：组织和升级你的组合

- 艺术家：更新和扩大你的组合

策划组合的基本要点是，只要你积极主动地关注它，它就能反映你的成长。在一个不断变化的世界中，以及在未来的工作中，精心策划的组合职业是其有无与伦比的灵活性、稳定性、长期性和价值性的结合。

组合职业和教育的未来：欢迎参加终身学习

大学继续做出"帮助毕业生找到工作"的承诺。然而，正如我们所看到的，43%的应届大学毕业生从事不需要大学学位的工作，近三分之二的人在五年后仍未充分就业。那这算是什么承诺？

在这种情况下，职业服务中心依然主要关注如何吸引雇主进入校园。然而，如我们所见，超过一半的千禧一代是自由职业者（而不是领薪雇员），更多的年轻人有可能比以往任何时候都更愿意做自己的老板。为什么职业服务顾问仍然如此专注于旧剧本？

总而言之，今天的教育机构似乎没有收到未来工作备忘录，或者就算他们收到了，也并没有通读内容。

诚然，许多学院都提供关于创业的课程。但是，他们都忽略了许多学生的职业路线这一现实。他们未能提供专门的服务来帮助学生成为自己的老板，而且他们还没有运用组合职业的（超级）力量。

如果你是一名年轻人或家长，你更有理由认真对待这一章。这对教育的未来而言是一面鲜艳的红旗。

组合职业是为所有年龄段的人准备的，我们越早打开流变思维来打造它，对所有学生、毕业生、家庭、工作场所和整个社会就越有利。

永无止境的组合

策划一个组合的职业生涯不仅仅事关你做什么或者如何做。你的组合能在哪里茁壮成长也很重要。

近年来，一些国家一直在反思如何为职业组合者及其他人员培养友好的环境。2014年，爱沙尼亚（欧盟成员国）推出了电子居民项目，这是一个可信的数字身份，允许你在全球范围内开展业务，就好像无论你实际在哪里，你都与爱沙尼亚人一样。2017年，爱沙尼亚的电子居民人数已超过了其出生人数。我从2015年开始成为电子居民，这个项目运作得非常好。

最近，包括爱沙尼亚在内的20多个国家推出了数字游民签证（DNV）。数字游民签证允许外国人在该国生活和工作长达12个月（在少数情况下为2年）。以前只有两种选择：以旅游者身份入境，时间不超过90天，或者申请永久居留权。旅游签证形成了一种束缚——你必须每隔90天重新申请一次，这造成了很多麻烦，而永久居留权只是一小部分游客的目标。

现在，数字游民签证能让大家极为容易关注居住地以外的区域，将组合职业推向全球，并沿途进行调整和扩展。

如果你今天已经20岁了，你完全可以在网上为自己的职业宣传。这代表了你的组合的第一部分。（如果你是30岁，那这么做就更正确了。50岁的人也一样。如果你有一个20岁的孩子，可以考虑号召你的孩子一起采取联合行动）。

重点是：创办自己的企业从未如此简单、便宜，也从未如此符合常理。你不是在签字放弃自己的职业生活，你只是在学习技术、品牌和商业头脑的基本方法。无论是儿童护理服务、定制T恤衫、Z世代的专业知识，还是你喜欢与他人分享的任何东西，为自己宣传的经验将比几乎任何正式课程都更能教你。通过实操来学习！此外，这种经验将打开其他大门，它成为你的组合的一部分，并可以升级，重塑，或与其他项目相结合。

组合职业不仅改变了你对职业的看法，而且改变了你对学习和成长的看法。与希瑟·麦高恩（Heather McGowan）一样，"工作的未来是学习，而学习的未来是工作" "学习是新的退休金。它是你每天创造未来价值的方式。"组合职业与这两方面都是一致的。在一个不断变化的世界和职场，你将永远不会停止学习的步伐，永远。

"你是做什么的？"是旧剧本的经典问题，"你在学什么？"则是你的新剧本的一个典型问题。

人们为一个专业而学习，并终生从事该专业的日子已经过去了。即使你留在同一个行业，由于变化的速度飞快，很有可能在一代人的时间内就会发生转变。任何认为自己在某种程度上不受这些变化影响的人都将面临变化的暴击。

有了组合职业，你就能清醒地认识到未来工作的变化。你能看到你独特的技能组合——你的组合，如何减轻你的职业过时的风险，并使你有能力扩大你的发展范围。你既可以是一个全才，也可以是一个专家，而且知道在特定情况下哪一种是最合适的。一个组合职业是可以自动激励终身学习的，反之亦然。当你为组合确定新的内容时，你也实现了你的生之意义。

你还在等什么？

携手并进：21世纪的行会

创造一个组合式职业生涯不仅仅和你做什么或者如何做相关。与谁一起做也很重要。

职业组合者和有线性职业道路的人一样，都有同事、伙伴和同行。但由于新技术的出现，认识新朋友和合作的选择比以前要更多。21世纪的行会是非常有效的选择之一。

行会的概念并不新鲜。它的历史可以追溯到许多世纪以前，长期以来，行会将投身同一工艺或贸易的人聚集在一起，以保证质量，并将该行业的技能和实践传给其他人。铁匠、木匠、补鞋匠和会计师都是拥有行会的众多职业之一。虽然随着工业化、公司和单一雇主工作的兴起，行会被置于次要地位（有时甚至被蓄意破坏），但它们从未消失，而且现在正在重新崛起。

现代行会有许多目的，从（用今天的话说）职业培训到商业发展、网络和互助。行会帮助其成员学习和发展本行业的专业知识。它们帮助成员建立网络，进行合作，并在行会之外寻找其他类型的专业知识。行会还作为衡量声誉和信任的非正式标准：一种集体定位。例如，Enspiral是一个由来自世界各地的150多位个人组成的行会，他们一起开设了多个企业，写了一本关于合作实践的开源手册，并使用参与式共同预算来进一步支持Enspiral成员。

随着组合职业和更多样化的工作安排在21世纪扎根，行会是加速学习、专业社区和责任的载体。它们适合变化的时代。

你能做的比你目前的工作内容要多得多

早在2012年，"流动一代"这个短语就被用来描述那种在变化、混乱的职场中表现出色的人。今天，像流动一代的繁荣

意味着也要有一个职业组合。

投资组合从根本上反映了你如何看待自己以及你在这个世界上做什么。它是你的剧本。从一个线性的、传统的职业道路转变为一个独特的、不断发展的职业组合，它加强了你的根基，提高了你的复原力。有了职业组合，你的职业发展不再是一种在焦虑和变化管理中的练习，也不再是通过这里的课程来补救，或者通过那里的晋升来美化，但却一直面临着迷失或被外部力量操纵的风险。相反，你的组合职业反映了你在工作中的流变思维。

组合职业仍然面临着挑战，主要来自停留在旧剧本中的人和公共政策。但这些都在一点一点地发生变化（偶尔也会发生很大的变化），事实是：组合职业与未来是一致的。今天，每份工作都是临时的，不管我们是否承认。包括工作在内的未来将有利于那些能够思考工作以外事物、创造组合并知道如何变通的人。

反思时间

1.如果你今天失业，你的职业身份会是什么？

2.你会如何描述自己最大的职业理想？能把它画出来吗？

3.当你遇到一个新人时，你问的第一件事是什么（除了他们的名字）？

4.每隔几年换一次角色的想法是让你兴奋还是害怕？为什么？

5.如果可以，你想成为什么？

第七章
坦诚相待并服务他人

发现一切人类活动中的人性之处。

——加拿大驻欧盟大使，艾里什·坎贝尔

（AILISH CAMPBELL）

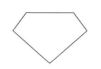

亚马逊的Alexa不只是一个人工智能的虚拟助手，更是一名新加入的家庭成员。随着"低头族"一词的兴起，有些国家和地区甚至设立了专供手机用户行走的人行道。在2019年，青少年每天使用手机、电脑以及电视的平均时间为六小时四十分钟。刨除睡觉的时间，他们每天花在电子产品上的时间就占了40%以上。别忘了，这些数据还是在人们转为居家办公、线上学习从而延长屏幕使用时间之前所统计的。

然而，不只是屏幕使用时间，自动化也在以飞快的速度发展着。从电子商务和无人驾驶汽车，到文本识别和疾病诊断，越来越多过去需要大量劳动力或繁杂步骤完成的工作和业务，现在用自动化技术就可以迅速、有效并及时地处理。这并不是说自动化本身是什么新鲜事，而是自动化发展速度非常惊人，这种速度是在对最佳实践或道德准则没有达成共识的情况下形成的。在疫情进一步加快自动化发展并忽略对以上共识的担忧之前，自动化发展本身就已经在提速了。原因很简单：机器不会生病、抗议、没有财产危机，它有什么缺点呢？

但困扰我们的也不只是屏幕使用时间和自动化。在日常生活中，科技既能将我们连接起来，也可以让我们分开。通过科技，我们既能学习，也会逃离；既能团结，也会排斥；既能分享感受，也会掩饰内心；既能提升自我，也会彼此竞争。

人类与科技打交道的时间比人际交往的时间要多得多。人类本是相互依存的，但只需点击、轻扫或触碰一个按钮，我们就可以史无前例地联结更多人，并学习更多事物，但也因为这样的便利让彼此，乃至自身更加分裂和脱节。所有人都在孤军奋战。

超能力：炼出至我并服务他人

当越来越多的机器人出现时，你成功的关键就是表现得更像人类，并用自身的人性帮助他人。

科技逐渐渗透到人们生活的方方面面，有时显而易见，有时又悄无声息。新兴科技总是有益的：它们处理问题更容易、简单、成本更低。除了高效，还有一个更微妙、更复杂的信息，即科技本身就是答案，算法了解的信息要比人类多。

由此所引发的连锁效应还在不断蔓延：慢慢地，它斩断了人们的自信（科技可以做得比人好）、情感（科技让人麻木），以及主动权（你唯一要做的就是不断地点击屏幕）。如此不知不觉地过了很长时间后，人们一旦没有手机，就很难明白"自己是谁"。

这种信息覆盖在甚至更过时的剧本之上，而剧本告诉我们要变得刚强。无论是击败竞争对手、有泪也绝不轻弹、以自我的方式领导或是努力达成别人设定的期望，旧剧本都是要求你将一个洁白无瑕的自己展现给全世界；你要按照别人的要求行事，而不是依照自己本身的个性；你要不惜任何代价取胜。

但仔细想想，这种信息究竟导致了什么后果？

逐渐地，他人口中的真理取代了你内心的想法。人与人相互角逐，彼此断联。我们正在切断形成人类构造的绳索，并坠入焦虑、抑郁以及孤独的深渊。

所幸的是，这既不是生存在这个世界的唯一出路，也不是连接科技或他人的唯一方式。

如今不断变化的世界完完全全地揭示了这种思维的不足之处。一旦打开了流变思维，你就能跨过旧剧本的陷阱，看到这样的现实：你和整个社会都将"人"放回到人性中。

在你培养了流变超能力之后，你与科技的关系就会重置。你可以用内在智慧驾驭新兴科技的积极力量，而它们当中没有一个比觉醒的人类意识的"技术"更强大。

练就了这种超能力后，你自撰的新剧本也就应运而生。这个新剧本欢迎你完全展现自我、表达自己的真理并解锁你的一切。它将脆弱视为内在力量的标志，而非弱势。它也不会寻求凌驾于别人之上的权力，而是与他人共享，由此你会意识到人际间相互依存的非凡智慧。

随着流变思维的打开和新剧本的到来，你能将他人和自己内心的想法重新连接起来，做出更明智的决定，找到比现在想象中更多的快乐和平静来源，并离完全实现自我潜力更进一步。

谁会不想这样做呢？！

在一个不断改变你的世界里做你自己是最伟大的成就。

——拉尔夫·沃尔多·爱默生（RALPH WALDO EMERSON）

恐惧与人类共存

意识到拥抱变化就需要调节人与科技间不断变化的关系，以及科技对人类的影响。这需要使用道德指南针，其根基在于人类而不是算法。同时它也需要人类的超能力。

正如你所见，人类的反应机制受到情绪的影响，其中最主要的就是恐惧的影响。传统思维适用于任何形式的确定事物中。我们的大脑边缘系统内部紧密相连，以至于只要是未知的事物，不论是微小细节，还是超出控制的宏观力量，我们都会对其产生恐惧。哈佛大学出身的科学家、耶鲁大学出身的平面设计师、领导力顾问、导师——马蒂斯·皮格尔曼（Marti Spiegelman）说得好："我们对已知事物过于依赖，因此才出现对未知事物的恐惧，但是我们人类的天才在于不断利用未知事物来服务于我们的创造性进化。如今，随着恐惧已经失控，大多数人只能将未知事物这种最丰富的资源丢到一边。纵观全世界，我们好像早已忘记如何成为能够把控自己并能造福人类的人。"

马蒂斯继续解释，我们不能让恐惧成为性格的栖息地，而要意识到它与人类存亡息息相关。一旦你关注自我，就会逐渐相信任何事物都与之相关。

因此，我们不能将自己与现在隔绝开来。

我们必须要接收外部带来的感知，通过直接经验了解周围的世界到底发生了什么。如此一来，也就了解导致恐惧的究竟是什么。我们对未知的事物了解得越多，就会越恐惧，也就越接近于真相。

长此以往，我们终究会掌握自己的人生并惠及他人。

服务与苦难

总体来说，在今天的社会中，我们并没有被教导如何面对苦难，却被告知当下目标是要摆脱痛苦和折磨。如果你经历过这些事情，就说明你在某种程度上没能做到迎接苦难。

这是新旧剧本发生碰撞的一个方面。旧剧本强调做个刚强的人。即使你在绝望的深渊，也不要表现出来，要隐藏自己的情绪。但是你将情绪埋在心底，别人也爱莫能助。

相反，新剧本认为，保持自我，完全展示自我，让他人知道如何才能帮到你。这就是服务以及我们互相展示的方式。

做一个坦诚的人并不意味着完全不在意苦难，而是需要注意自己的感官和人性：完全、彻底、毫不掩饰地展示自己。这包括对自己的不适的勇于表达（并时而在公共场合谈论这一点），从而运用这种感觉进一步成长。

做一个坦诚的人也就是向他人展示自己。当你能够帮助他人时，就能够把相互依存关系付诸行动。当你的意识"从我转变为我们"时，你就释放了你的个人能力和我们的集体潜力，并更容易对变化做出有意识的反应。

今天，我们面临着前所未有的机会，可以将这种流变超能力付诸实践。并且有无数的例子可供借鉴，但像悲伤这样典型的例子却很少。

从某种程度上说，新冠肺炎疫情让今天的每个人都失去了过去已知世界的一角。不止如此，你所认为的关于未来的优势也发生了变化，在许多情况下甚至直接消失了。过往的一切已不复存在，未来如何无人知晓。

不论是个人还是集体，我们都会为已经失去和未来也许会消失的事物感到悲伤。虽然我们所失之物也许有所不同，比如有人是丢了工作或梦想、有人是失去所爱之人或常规安排、有的人则是缺乏常态感或期望——所有人都无一幸免。

这不仅仅是疫情、自然灾害、失业或失恋所造成的影响，更是失去了普遍性和以为永恒的现实，以及我们的应对方法。比如，面对悲伤，我们是拥抱还是试图抑制；面对恐惧——哪怕是像黛比·唐纳（Debbie Downer）这样的人——是被恐吓还是完全欢迎；面对痛苦，我们是试图逃避还是意识到唯一出路就是跨过去。

在我的父母去世之前，我从未参加过葬礼。在他们发生意外的那个年代，还没有脸书①和智能手机，因此我从没想过公开表达我的悲伤（也没有线上平台能让我抒发伤痛）。那时的我就认为，表达悲伤的方式并没有好坏之分。关键在于像常人一样处事就好，学会经历恐惧、悲伤还有磨难。我毫无掩饰地将自己展现出来。直到今天，我仍然会对那些本无义务或意料

---

① 已改名为"元宇宙"。——编者注

之外展示自我的人感到敬畏。他们是真正坦诚的人，也正因如此，他们帮助我发现了自己身上的人性本质，而这就是"悲痛支持"真正的意义。

如今，在网上公开表达悲伤已是常事。对于许多人来说，网络平台是他们表达悲痛的一种重要工具（尽管我仍然很难想象自己"可能"公开表达对父母发生意外而感到的悲伤）。分享悲痛情绪可以让你觉得你不是一个孤单人，你能得到他人的支持。但在数字世界，一个人期望在网上表达悲伤会面临被广而告之的风险，这反过来会让人出于内疚、担忧或麻木而掩埋悲伤的情感。要从任何可能出现的无情羞辱中找到真正的支持是很难做到的，在人深陷悲伤时尤为如此。

停下来想一想自己作为个人和领导者所表达悲伤的方式。你是否对深陷悲痛的人群给予支持持有疑虑？你的方式是更像"我很抱歉""坚强点"，还是和他们一起共情悲伤与磨难？你是否理解个体和集体的悲痛？

一个完整真实的人意味着既要表达自己的情绪、同情心以及道德感，还要展现诚实、直觉以及不完美。服务他人意味着和他人一起既能庆贺胜利，也能纪念失去，并始终如一，而科技是永远不会有意识实现的。

"当'我'被'我们'取代时，就连疾病也变成了健康。"

——马尔科姆·X（MALCOLM X）

发展你的DQ

如果你在美国、加拿大、中国或DQ覆盖的27个国家中的任何一个，你可能想知道变化与暴风雪系列之间有什么关系。而我所讲的DQ并不是指冰激凌，而是数商。

长期以来，人们普遍认为，一个人的IQ，或者说智商，是预测成功的最佳指标。根据一系列基于抽象推理、数学、词汇和常识的问题测试，你的智商就是你的原始智力。若干年后，出现了情商的概念，或称EQ。情商是指理解、关心并与人建立关系的能力。情商并不会衡量你所掌握的事实或方程式；相反，它衡量你是否"知道"如何与他人建立联系。事实上，在决定一个人在生活中的整体成功方面，情商与智商同样重要，甚至更重要。你是否与外界拥有有意义的关系，是否感到被爱和支持，更多的是与你的情商相关，而不一定与智商相关（尽管两者都有帮助）。

你知道DQ吗

数商研究所是一个致力于帮助人们提高DQ的组织。虽然该研究所帮助的重点对象是儿童，但提高一个人的DQ对所有年龄段的人来说都是至关重要的。

以下是测试你当前DQ的几个初步问题：

你知道自己每天花多少时间上网吗？

你知道哪些人和组织可以看到你的网上信息（以及哪些信息）吗？

你是否积极管理你的数字足迹？

你知道自己的数字公民权利是什么吗？

你能识别网络暴力吗？如果是的话，你是否会采取行动来阻止它？

你认为你与科技保持了适当的平衡吗？

当停止接触科技时，你的情绪和整体幸福感会发生什么变化？（你能回忆起你上次完全离线超过一天的情况吗？）

"智商+情商"的剧本在很长一段时间内发挥了很好的作用。但在如今的数字时代，人们越来越担心科技正在占据上风，并可能损害我们的智商（互联网可以迅速提供给我们以前努力解决的问题答案）和情商（使我们与有意义的关系脱节）。我们需要更新这个剧本。

数商或称DQ，是新剧本的一部分。要想在21世纪这个不断变化的世界中真正取得成功，人类需要提高他们的DQ。

你认为拥有高DQ就是知道如何编码或建立应用程序——DQ并不是这个意思。DQ是一个总体概念，包括一系列在数字世界中负责任地参与的能力。DQ包括与数字安全、数字身份、数字素养、数字权利和数字通信有关的技能。例如，拥有较高DQ意味着你知道何时以及如何放下电子设备，进行面对面的交谈。它意味着你可以负责任地管理屏幕使用时间，呼吁停止网络暴力，并知道何时可能面临数字身份失窃的风险。

在今天这个科技驱动的世界里，人们很容易相信科技会解决我们的问题。从根本上说，拥有高DQ意味着知道科技只是一种手段，它本身既不是解决方案也不是最终目的。DQ是数字世界中一个以人为本的指南针，是新剧本的一个重要支柱。

希望与意识

布芮尼·布朗（Brené Brown）教授和今天的任何人一

样，帮助大家打破了关于脆弱的刻板印象并去除了污名。她提醒我们，勇气来自拉丁语中的"心"（cor）。勇气的最开始不是源于战场或市场。相反，它意味着发自内心地说出你的真相。勇气存在于内心，这是任何机器人或人工智能都无法做到的。

在父母去世之前，我几乎从未了解过脆弱或勇气。我很少提到它们（而且说实话，我怀疑自己不能揭示"脆弱"是什么）。父母双亡前所未有却又非常现实地给了我当头一击。脆弱不是一种选择，而是现实。勇气不是一个选项，它是让我继续生活下去的关键。

想通这一点并不是我自己的功劳，而是其他人给我指明了方向。当我崩溃的时候，我最喜欢的一位教授朱迪·拉吉摩尔（Judy Raggi-Moore）出现了。她不仅敞开心扉，疗愈我的悲痛，还让她的整个家庭都向我张开双手。她和她的丈夫丹尼，女儿杰西卡，以及母亲弗朗西斯卡，成为我的"后天大家庭"。我现在有了第二个姐姐和第三个祖母。朱迪和丹尼并没有取代我的亲生父母的地位；他们只是补充，而且有时候还丰富了父母的内涵。他们确保我的原生家庭关系不变，同时帮助我疗伤和重新找到人生方向。他们邀请我与他们一起过节，把我完全当成家人。我可以静静地伤感，而从我脚下扯掉的一块地毯又被缝合起来，变得更加牢固。朱迪和她的整个家庭向我展示了人性的光辉。他们都成为我的新剧本中不可或缺的一部分。

朱迪所做的事是发自内心的。她不是站在自己的角度思考问题。她感觉我需要帮助，就采取了行动。她的行动是出于爱。

许多年后，我开始研究意识，这要多亏马蒂·斯皮格尔曼（Marti Spiegelman），我之前所经历的（但一直在努力理解的）一切变得清晰。马蒂接受过神经生理学、美术和土著智慧方面的培训，她完全能够洞察我们思考、感受和行为方式之间的脱节。

根据马蒂的说法，每一个人都有远胜于任何计算机的内在智慧。（她在这里说的不是量子计算；而是关于人类如何生活的智慧，这是几千年来总结的成果，是算法无法替代的。）随着人类向"现代"时代迈进，在消费者大规模营销的推动下，在"注意力经济"的干扰下，这种来之不易的智慧被搁置一旁。当我们目不转睛地看着广告，被告知通向成功的道路是由点赞、追随者和更多的东西所铺就时，我们逐渐忘记了这种智慧。

然而这并不是真正的意识。人类真正的意识取决于我们的感知能力，即通过感官认识世界的能力，以及感知每一个细节的能力。如果意识能力取决于我们通过感官了解这个世界的能力，那么如今我们的思维早已在五种感官之上了。而事实是，我们什么都感觉不到。相反，我们已经用语言和他人的剧本取代了感知和意识，这些剧本过滤了我们的感知。我们谈论世界是因为我们不再感受世界。试着想想解释一个经验和拥有一个经验之间的区别，你就会明白我的意思了。

真正的意识代表的是一种古老的、永恒的剧本。你的新剧本会教你如何重获这种能力。

当旧的剧本在手时，令人难以置信的是，你很容易（而且常常被期望）忘记通过感官经验真正了解的意义。相反，我们试图通过语言来解释我们所了解的事物。结果，我们的思维进入了超速状态，而我们的身体却卡在原地。然而，有了新的剧本，支持自己内心的真理意味着重新与你内在想法和智慧联系起来，把它们运用到实践中，并把你最好的东西带给别人，这个过程很可能不需要说一句话就能完成。

植根人性，面向服务

如果你拘泥于旧的剧本，你会把追求更多的人性看作天真的想法，把服务他人的目标看作是浪费时间。但是，如果你已经打开了流变思维，真正理解了其中的力量，你就会奔向这种超能力。

当你在一个变化越来越大的世界中航行时，你是愿意按照算法编写的剧本生活，还是用你自己的头脑和心来生活？你更愿意得到他人的支持和友谊，还是独自一人？你更愿意保留由应用程序还是信任关系所创造的遗产？

我们今天所处的巨变时代提供了一个无与伦比的机会来重新发现我们共同的人性和相互依赖性。一个处于变化中的世界认为，需要暂停并重新思考你与科技和与其他人的关系。当变化来临时，一个应用程序不会给你意义或爱你。它不会为你指明前进的道路，但人类会。在我们驾驭未来更多的变化时，越是能成为完全的人，就越好。

人类还处在发展变化的过程中，却错误地以为他们不会发生任何改变了。

——丹·吉伯特（DAN GILBERT）

反思时间

1. 你更倾向于以"我"还是"我们"的方式思考？

2. 你是否与科技保持适当的平衡？为什么？

3. 当你停止接触科技时，你的情绪和健康会发生什么变化？（你能回忆起你上次完全离线超过一天的时间吗？）

4. 你觉得你能够"充分展现人性"吗？为什么？

第八章

"放养"未来

以其终不自为大，故能成其大。

——老子

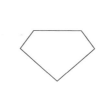

当我的父母去世时，我的一段未来也随之逝去。 虽然他们没有要求我从事某个具体的职业，但他们确实对我寄予了希冀和厚望。没有他们，这些希望和梦想是否仍然存在？它们对我来说是否正确，我又是如何得知的？

放眼如今，对太多的人来说，没有梦想的未来让人感觉很不舒服。

也许你有一份你喜欢的工作，然后你失去了它。这时你不仅仅是失去了一份工作，你也失去了代表自己身份的一角，你的职场大家庭，以及你每天醒来的主要动力。

或者，也许是你的孩子梦想上大学，而现在你们都不确定这是否值得花钱，或者它是否可能发生。

或者你在一个即将启动的项目上努力工作了多年。它使你的职业生涯飞速发展。但是，这个项目却出了岔子，或者甚至被迫终止。

或者这种情况描述的不是你，而是你的团队或社区中的一个成员。

或者，这不是一个项目，而是一种生活方式。多年来，你一直尝试在工作和家庭之间取得平衡，以便"坐拥一切"。你终于找到了类似于平衡的东西，而且它是可以延续下去的……直到变化袭来。

也许你精心的财务规划终于得到了回报：你辞掉了工作，买了环球旅行的机票，但后来你的行程变得无法实现。

或许每月的生活一点一点地耗尽了你梦想的力气。

这些情况都归结为一个基本问题：当你所了解的世界突然坍塌，或者以你既不期望也不渴求的方式发生剧变时，你如何还能怀揣梦想？

超能力："放养"未来

"放养"未来可以拥抱更美好的未来。

许多人从年轻时起，就被引导相信，人类可以预测和掌控未来。比如：只要努力学习，你就会得到一份好工作。越过正确的圆环，正确之门就会打开。制订计划，确保如期落实。这些引导并不坏，但都假设了一个可预测、可掌控的世界。这与今天的现实相去甚远。

这种古老的信息传递的是一种幻觉。确定性本身就是一种幻觉。其实没有人知道明天会发生什么，也没有人能够掌控未来。旧剧本描述了事情在一个静态的、固定的、不变的世界中

"应该"如何发展。但那个世界早已不复存在，也不会卷土重来。

今天这个变化中的世界需要一个新的剧本，它明白：能够放下掌控的欲望才是真正拥有了控制力。

放弃对掌控外部环境的幻想，让你能专注于自己可控的事情，包括你如何对这些事做出回应。放弃你不需要的一切，为真正重要的事腾出时间、空间和资源。

准确地说，放手并不意味着放弃或某种程度上的失败（尽管坚持旧剧本的人们非常难理解这一点）。放手的能力在很多方面都是最终的流变超能力。这可能与人们的认知有些出入，但它的效力就在于此。

放手让你掌控真正重要的东西，使你能够向前迈进，并提醒你现在就完全投入生活。有了流变思维，你就会把对明天的恐惧和挫折转化为助力今天的目标、潜力和内心平静的燃料。

拘泥过去，恐惧未来

人类非常善于生活在过去和未来。正如神经科学家阿米西·杰哈（Amishi Jha）所说，"我们的心灵很擅长时间旅行。"实际上，我们大部分时间都在这种模式下度过。我们追忆过去（怀旧、后悔某个决定，或者仅仅是回忆过去），试图预测我们梦想的未来，同时也避免我们的恐惧。

追忆过去和预测未来，特别是当它"必须"以特定方式进行或展开时，会阻止你活在当下。浪费时间在重温昨天或试图预测明天是在错过生活本身的精彩。你只有在当下才是完全活着的。就在此时，就在此刻。

当然，我并不是说反思和计划不重要。回忆快乐时光可以振奋我们的精神，而为下一步做准备既是负责任的，也往往是必要的。记忆和期待是生活中最大的乐趣之一。

我想说的其实是，我们经常被困在过去和未来，无法把自己拉回到现在。我们最终在别的地方生活着。我们忘记了自己那接触未知事物的非凡能力，而更多地被对未来的恐惧牵着鼻子走，而不是被更好的可能性所驱动。我们的思想默认为充满了消极的偏见：我们倾向于有更多的消极想法，而非积极想法。这些想法在我们的记忆中停留的时间更长，对我们的决策影响更大。如果这种循环不断反复，将会导致严重后果。我们需要更强大的心态，使自己立足于当下，这样我们才能够欣赏和学习现在的生活，并以平和的心态面向未来。

不只是你，还有所有人，都该考虑不断变化的世界了。

害怕放手

在改变之旅中，我遇到的最有趣和最出乎意料的一个观点是，当我们谈论放手时，我们总是讲放下过去，比如过往的嫌隙、遗憾、爱情或一个刚刚溜走的时刻。我们偶尔也会谈论放下当前的一些东西：也许是压力的来源、有害的关系或一个坏习惯，但是我们从来没有认真想过或谈论过放下未来。

当然，有些人对未来感到兴奋。但即使是他们也知道，未来有数不清的未知数，世事无常。然而，许多人都害怕未来，这样一来，他们就被困住、停滞、固守在他们无法控制的情况下。你越是执着于难以触及或者不再有意义的事物，你就越是感到沮丧。

然而，这正是你应该放手的时候。事实上，没有人对此谈论、引导甚至庆祝。但何乐而不为呢？

掌控：理念与现实

如果你一生都在遵循旧的剧本，那么你很有可能为控制权而战，追逐成功，并渴望得到外界的认可。如果这就是你所接受的全部教育，你很难想象其他的人生道路。然而，事实远不

仅如此，有不止一种方式可以生活、思考和成功。

有些人也被特权所蒙蔽。我们在第一章和第二章中也看到了，特权限制了我们对剧本内容的认知。在某些方面，特权给了你更多的选择，而在其他方面，它又限制了你的选择。具体来说，你认为自己拥有的特权越多（或本身拥有的选择越多），你会越害怕做出错误的选择，也就越难放手。

然而，这里有一个十分矛盾的说法：只有那些能够放手的人才有真正的权力和自由。那些能够看透特权的人，其力量之大是那些拥有特权的人永远无法领会的，除非他们也学会放手。

当然，被迫放手和自愿放手是有很大区别的。对于突如其来的改变，你不得不放手，这通常是因为你遇到了阻力和感到恐惧。但是，当你选择主动放手时，这就会是一种彻底的解放和放权的体验。

放手提供了另一个绝好的机会，可以谦虚和尊重地学习其他文化。自古以来，人类一直在与依赖和控制的问题做斗争。为了提高每个人的放手能力，我们可以教彼此些什么？

不贪婪（Aparigraha）是一个梵语，意为不执着、不抓取、不占有。不贪婪可以让你放下一切无益于成为最好的自己的东西，包括放下对未来的期望和恐惧。恐惧打破了你身处常态的能力，如果不加以控制，它只会加剧恐惧。这是一个自我破坏和双重劫持的无限循环：它既消耗了你的精神能量，让你转向恐惧，又阻止你把时间花在有成效的地方。这种循环被称为"后抑制反弹效应"，当我们试图避免思考某事时，我们的大脑会通过不断确认我们是否仍在思考来帮助我们不去思考这个问题。这不仅不起作用，而且反而会适得其反。

就我个人而言，我经历了恐惧和后抑制反弹效应，这么长时间以来，我以为我会疯掉。甚至在我父母去世之前，我就很容易感到忧虑，当父母去世后，我越来越自暴自弃。直到当我开始探索本章中的观点时，我才看到了一种更友好、更明智的生活方式，以及许多需要放下的东西。

今天，我想象能够生活在这样一个社会中：成功的典范是能够放下恐惧、焦虑和对未来的期望。这不仅是你能做到的，而且也是你自愿的选择。你这样做是因为你明白，放手使你自由——不再跟着别人的世界观生活、不再幻想可以掌控接下来发生的事、当改变来袭时也不再失去理智。在这种自由之下，从前看似不可能实现的事情如今近在眼前。

如果你意识到一切都在变化，你便不会有试图抓住不放的事物。

——老子

新剧本：应对改变的三大转向

放弃未来并不意味着将它像一个烫手山芋一样扔掉。相反，这需要重新构建你与未来的关系，以及可能出现的任何变化。有3种编写新剧本的主要方式。

1.心态的转变：从预测到准备。这种转变使你认识到，未来无法预测，也难以保证你期望的未来都会发生。相反，出现一大堆不可控的未来才是可能的，而最好的方法是尽可能为即将发生的事情做好准备。抑制住预测"将会"发生什么的冲动，转而思考首先如何应对"可能"发生的事情。

在我父母去世后（也是在我把这些点联系起来之前），我就会坐下来，写下许多不同的开展未来生活的方式。也许我会教书，也许我会创业；也许我会结婚，也许不会；也许我会有孩子，也许不会；也许我会住在通布图或泰国，也许我会生活在离家不远的地方。然后，我会看看这些想象中的情景，并问道："我能否再次找到平静和快乐？"

在这些截然不同的情况下，我得出了结论：可以的。每一个场景都充满了变化、不确定性和巨大的未知数，但每一个场景都提供了一条前进的道路。当我能够放弃试图预测会发生什么的时候，这一大堆不同的但又可及的未来便映入眼帘。

2. 期望的转变：从"事情会按计划进行"到"计划会改变"。即使你能放下想要预测的欲望，你的大脑仍然可能默认你的计划会成功（不成功即失败）。这种对自己期望的错误管理是导致许多痛苦和猜测的根源。

想一想最近一次事情没有按计划进行的经历。你是如何应对的。是愤怒或焦虑，还是泰然处之？如果你知道你精心安排的计划会发生变化，你会有何反应，或者做什么准备？

放开心态，把变化当作一般规则，而不是例外情况，当人们都在今天的迷途中找寻方向时，这可以改善你寻找支点的能力、远见以及对他人的同情心。

重要的不是计划内容，而是规划过程。

——温斯顿·丘吉尔（WINSTON CHURCHILL）

3. 重点的转变：从已知到未知。很多时候，在解决问题或驾驭变化时，人们希望在同样的事情再次发生时能有更好的准备。这本身并不是一个糟糕的策略，但它并不完备。那些尚未发生的事情该如何应对？

未来只是一个概念，我们永远无法真正知道它会是什么。诚然，历史是一位神奇的老师，然而今天的变化对包括人类经验来说都是新生事物。在大多数情况下，惊喜和不可知并不在今天的发展模式中。但是我们知道，支撑我们走到今天的事物并不一定会保证未来你、我或任何人的成功。

当你开始敬畏生命的奥秘，而不是期待过去的事情重演时，你的视野就会在抽象和现实中得到拓展。

你的生活情景图

情景图是未来学家最喜欢的工具之一。这是一种预测手段，可以在特定的情况下，描绘出许多不同的可能情景，目的是为未来可能出现的情况提供明智的、有根据的想法。在实践中，它是指导从预测到准备进行转变的一个强大机制。

虽然情景图通常被公司和组织使用，但它也可以在许多其他场景中发挥作用：从评估一个特定部门（如教育）、概念（如资本主义）或业务（如居家工作）的未来，到了解你自己的现实可能发生的变化（如你的职业或孩子教育的未来）和其应对方案。可以把情景图看作是在一个变化的世界中引导生活的一大秘密武器。

任何对未来的设想都有优点和缺点。最好的设想是那些你觉得可行的方案。情景图算得上是思想实验。如果你的第六感说："是的，即使这个设想的某些方面有点疯狂，但听起来依然是可能发生的。"那么就可以坚持下去。

情景图通常用两个轴来绘制，代表两大关键主题（即四个象限一起探索）。

可以选择任何范围的问题。比如十年后，四年制大学学位是否仍是社会普遍接受的文凭，还是会有更适合未来世界的新选择？你的企业发展将由人类还是自动化驱动？就个人而言，你的生活可能发生什么变化，或你想改变什么？想一想一系列与你有关的因素。

一旦你确定了自己的主题，画出了轴线，就放手一切，想象各种可能性。在四个象限中的每一个象限，都描述了一系列可能出现的结果、连锁反应、障碍和回应。带着好奇心设计。着重关注那些看起来最有效的内容，并注意直觉告诉你："注意这个！"的部分。要认真对待，但不要太拘谨，以免影响自己发挥创造力。

这个练习如何能帮助你重新思考自己应对任何未知事物的方式？

唤醒你的代理权

放弃任何人都可以掌控未来的这种幻想，让每个人都能把注意力集中在他们可以控制的事情上：他们如何应对变化。换句话说，放养未来要求你重新唤醒你自己的代理权：那种对自己的生活负责的感觉。赋予代理权是新剧本的一个核心支柱。

代理权往往包括一个比你一开始可能写出来的东西要长得多的清单，它包括学习、创造、决策和成长的能力。它包括从你投票（或不投票）的能力；能负责任地管理你的屏幕使用时间（或不能）；应用"双脚法则"，即在任何你既不学习也没有贡献的情况下，用你的双脚找到一个让你的参与更有意义的地方、离开一个令人不满的工作或结束一段不如意的关系（或相反），你是用善意还是用敌意做出回应等。代理权也与看到不可见的事物密切相关：当你学会看到不可见的东西时，你会发现你有更多的方法来应用你的代理权。

展现代理权并不能保证你得到想要的结果，但它会告诉你：你不能掌控结果，但你可以控制自己是否以及如何为实现结果而努力。

代理权从未如此重要，然而，我们整个社会中已经完全将这种能力扼杀。教育体系教导学生"为考试而学习"，而不是开启真正的学习之旅；大众营销机器说服我们，我们唯一要务是购物，而不是思考；科技让我们在滑动手机和刷卡时内心毫无波澜。这些例子都揭示了代理权是如何巧妙地，甚至无意识地转移到人类意识深处的。

但代理权仍然存在：你、我、我们的代理权都在一起。它从未离开，只要你还活着，你就不能没有它。现在比以往任何时候都更应该收回、拥有并充分使用这种代理权。

变化的"问题"

问题基本就出在变化这个不速之客上。一些你希望没有发生的事情发生了，反之亦然。这件事可能发生在五分钟前或五十年前。"问题"就是某种你希望消失的变化。

今天，人类似乎比以往任何时候都更处于解决问题的模式。无论是因为瞄准错误的目标、激怒他人，还是没有看到我们的盲点所导致的长期存在的问题、全新的问题、复杂的问题、社会强加给我们的问题，以及我们自己制造的问题。人们对于追求幸福这种难以言喻的事情似乎极其错误地认为，只有通过解决问题才能实现。（然而，正如我们在上一章中所了解的，这也使我们错失了目标。）

很多时候，你可能会发现自己面临着你自己根本无法解决的问题。你很想解决的事情，也许有一天会得到解决。但在此时此刻，它们是难以解决的，也是你无法控制的。

想一想你目前正在努力解决的一个具体问题。也许是新的工作或家庭变动，一个新的供应链伙伴或一个新的时间表，收入或信心下降，或者是多年来一直摇摆不定的某段关系。

在这种情况下，社会往往告诉你要和问题进行抗争，不然你将一败涂地。

然而，这并不是完整的故事。当然，有些时候，抗争是正确的：宜居地球、社会正义和基本公平是这种"良好问题"的例子。但是，还有一系列许多不同的、杂乱的问题，我们经常通过抗争来震慑它们，而这些问题其实通过一个相反的态度，也就是接受，反而能得到更好的效果。

至少目前为止是如此。

接受并不意味着失败或被动（同样，旧剧本也很难看到这一点，但这种目光短浅正是导致剧本内容过时的原因）。接受意味着活在当下，但不同的是：与其花费力气对变化本身感到焦虑，不如把这股力量用来应对改变。

当你能够接受变化，放下对其控制的幻想，你就会得到意想不到的结果。你会发现和平、清晰，甚至是以前无法理解的惊奇事件，你的想象力也由此被点燃。

当你允许自己放下试图控制的东西时，就会打开一个充满可能性的全新宇宙。当你不再把心思放在不成功的事情上时，你就会有余力来证明可能发生的事。要发明新的东西，或在你的日常生活、组织或社会中进行任何形式的改变，首先需要能够预想事情可能是不同的。这需要你有意以不同的方式来看待问题，而不是一心认为某个特定的结果"一定会"发生。

回想一下你的生活最近有哪些变化。你已经接受了什么？你还在抵制什么？你放下了什么，又为什么腾出了空间？

少忧虑

在我生命的大部分时间里，我都被笼罩在担忧的迷雾中。我最早的记忆是我母亲担心我会死于严重的食物过敏（她的担心并不完全是错误的：过敏导致我经常生病，不停地去见儿科医生）。到了5岁，我开始担心钱，因为钱永远是短缺的。上了小学，我一直担心其他孩子不喜欢我。放学后，我又开始担心是否该回家、何时回家，希望能避开家庭争吵，虽然这越来越不可避免。

然后我的父母去世了，我开始变得过度担心。普通的焦虑变成了噩梦和惊恐发作。有时我会因为悲伤而完全失控，以一种难以被理解的方式宣泄情绪。很明显，我父母的事故不仅仅是一个噩梦，这是我要面对的新现实。但现在怎么办？我的大脑中理性和非理性的部分不断地在争论什么是"值得"担心的问题。而答案往往是：所有事。

直到40多岁，我才知道，长期的、慢性的担忧状态是不正常的。它发生得出乎意料，当我被要求讲一讲记忆中最早不焦虑是什么时候时，我却一次也想不起来。的确，我可以旅行、可以说话、可以迈出我的舒适区，但这些事情与安抚焦虑的鸟儿相比是很容易的，这只鸟不停地在我的肩膀上叽叽喳喳，讲着各种各样的事甚至只是叫嚷。其实，在最安逸的日子里，我也会因为无事可担心而感到焦虑。

从很多方面来说，克服慢性焦虑需要终生努力。它是大脑的逐步重塑。用嘴说"少担心"是一回事，而真正做到又是另一回事。

我在这方面遇到的最有用的做法之一是问自己，"可能发生的最坏情况是什么？"然后把这句话的意思反过来。下面我来解释一下。

谈到变化，人们可能很容易联想到最坏的情况。我猜你会说："可能发生的最坏情况实际上真的很糟糕。"这个问题的答案基本都是负面的，如你会失去的、什么会永远消失或者什么东西会变得空荡荡？在这个问题的设计中，所隐含的就是最坏的情况。

我明白了，变化是非常可怕的。它遮蔽了你的视野，麻痹了你的勇气。但是，如果你任其发展，它只会让你专横独行。

如果你把这个问题翻过来问："如果我从抵制变化转变为顺应变化，可能发生的最好的事会是什么？如果我放下对未来的期望，可能发生的最好的事会是什么？"

你是否会发现，你的能力比你曾经梦想的更强？你最终是否会看到那些一直等待被打开的门？

可能发生的最坏情况会是永远不知道可能会发生什么吗？

当我的父母去世时，"可能发生的最坏情况"似乎并不像已经发生的事情那么糟糕。要花一点时间才能完全理解"可能发生的最好情况"，不过一旦明白其中含义，就会感到脚下的大地开始晃动。我的地面变得坚实而温和。我可以保留对父母的记忆，同时也对未来真正感到兴奋。

渐渐地，我养成了应付焦虑的习惯。我有时还是会对未来感到恐惧，但我也学会了留意恐惧背后意味着什么。我开始使用这个简单而强大的三部曲直到现在。

1. 注意焦虑。当我陷入焦虑和恐惧时，停下来问问自己：

刚刚发生了什么？我身体的哪个部位感受到了它？我是否在重演最坏的情况？如果可能的话，给我的感觉起个名字，甚至描述其个性。但不要评判，只是静静观察。

2. 拥抱焦虑。与其责备自己应该如何"不"感到焦虑，不如在当下感受这些情绪，意识到它们都是出于关心而产生的。我能否发自内心对它们有些许感激？

3. 运用焦虑。最后，调转注意力。这种焦虑是要我放下什么？它是如何让我明白真正重要的事物的？我的反应是否与我的价值观一致？谁拥有真正的掌控权，是我还是内心的恐惧？

这种方法并不是要把困难的事情轻描淡写或忘记损失。痛苦和挑战是你的故事、我的故事，也是人类的故事的一部分。关键是不要让对未来的恐惧劫持你的人生剧本，或阻止你活在当下。

总之，你的心态决定了你的幸福。流变思维知道如何放下忧虑，转而关注可能出现的奇迹。

重新开始

人类的大脑本身就有规划未来的能力，但老实说，没有人知道未来将如何发展。我是以一个著名的未来学家的身份说这番话的！我们越是试图预测和控制，或者夸耀自己"肯定"了解的事，未来就越可能从我们的指尖溜走。

话说回来，生活从来都是如此。没有人能够确切地知道一天内会发生什么，更不用说一个星期、一年、十年或整整一代人的时间。但这才是真正的美，甚至是敬畏：当每一天都是新的、不可知的，每一天也就是一个重新开始的机会。

每天都是全新的开始

这个现实并不是今天才出现的：一个变化中的世界和越来越快的变化速度只是让这样的事实更清晰地展现出来。

当每一天都充满变化，而每一天也提供了重新开始的新机会时，调和你计划的愿望和不可知的未来之间紧张关系的方式，就是只处理当天发生的事。正如布朗大学正念中心的研究和创新部主任贾德森·布鲁尔博士（Judson Brewer）所建议的那样，"做今天需要做的事情，然后在明天到来时处理好明天的事情。而对于信息这个问题，你越接近当下，你就越能清晰地思考。"

如果你感觉一天太长，可以考虑这一小时、一分钟、一秒钟的情况。关键是要立足于当下，发现每一个重新开始的机会。

父母去世后，我陷入了无休止的浑浑噩噩之中。我是如此渴望计划，但我根本不知道接下来会发生什么。每天早上，唤醒我的都是同样的问题：我到底应该做什么？

渐渐地，我学会了将这个问题放到此时此刻解答。每天早上，我有两个选择：从床上爬起来，看看会发生什么，或者蜷缩成一团，混沌地过完一天乃至许多天，慢慢移到一个角落里，消失在大家的视野中。这听起来真的很不错，但是有一个小声音在叫嚣着：你难道不想知道今天会发生什么吗？

时间一长，下床一步一步走的简单行为变得不再是一种刻意练习，而更像是一种生活中的小小胜利。我的口头禅变成了："我想知道，但我必须学习。"我将自己置身于现实中，那里的一些事情我们根本无法知道。这感觉很不公平，甚至很残酷，但我意识到，如果我一直试图找出我或任何人都无法知晓的事情，那样做只会毁了自己。

这就让我们认识到了最有用的一点：不知道是有好处的。这可以激发好奇心、奇迹和敬畏，这些在如今的时代都是非常缺乏的。当不可能知道时，就该放手，然后重新开始。

轻轻地把握未来

当变化来临时，如果放下期望，放下思考在这个不确定的未来该做什么，甚至放下需要知道的事情，就会产生不同的结果。抓着"过去"不放的人，或者认为他们可以掌控接下来发生什么的人，很容易脱离本身的人生轨道。但是，那些能够放下早已不复存在的事物，并给未来以它所需要的空间和氧气的人，将会走向成功。

放弃未来是为了适应改变，而不是抓取；与生活同行，而不是对抗它；学会变通而不是感觉被困住。你可以看到未来既不是一个不确定的天坑，也不是一堵不可逾越的砖墙，而更类似于顺应容器形状的水，不会被人长久地握住，却能滴入古老岩石进行雕刻。

就像水适应其容器的形状一样，强大而自如地保持其暂时的存在状态，轻轻地把握未来能够让你拥抱变化和实现繁荣。

你接触的一切都被你改变，你改变的一切都在改变你，唯一永恒真理就是改变。

——奥克塔维娅·巴特勒（OCTAVIA BUTLER）

反思时间

1. 当你制订计划时，你是否会期待它们成功？

2. 你在大部分时间都在想些什么：过去，现在，还是未来？

3. 描述一下你最近放下的东西。感觉如何？你是如何放下的？

4. 你对"不知道"的态度有何感想？

5. 你是否曾经绘制过自己的生活情景图？如果有，描述一下绘制过程。如果没有，你想绘制吗？为什么？

致　谢

　　我花了25年才写完这本书。写作是一种乐趣，一种荣誉，也是一种冒险。我对在编写中帮助过我的人的感激之情早已溢出这本书了。我将尽我所能在这里与大家分享——有很多关于流变的内容都值得记住！

　　如果不是我的父母，罗兰德·尤金·林恩（Roland Eugene Rinne）和彭妮·乔（洛夫勒）·林恩［Penny Jo（Loffler）Rinne］等人的帮助，这本书恐怕难以面世。无论在世还是离开，他们都是帮我通向流变的信号和路标。什么是真正重要的？爸爸会怎么说？我想念你们，我很高兴本书能帮助你们保持精神上的活力。

　　对于那些亲眼见到我是如何度过父母死亡的最黑暗日子的人们，我如何表示感谢都不为过。最重要的是，我的姐姐艾莉森·道格拉斯（林恩）［AllisonDouglas（Rinne）］，她帮助我看清了什么是、什么不是，直到今天，她还是一个坚定不移的激励者。妈妈的孪生姐姐保拉·英斯特（Paula Yingst），妹妹唐娜·弗林德斯（Donna Flinders），以及整个洛夫勒大家庭，从我接到电话的那一刻起就用爱包围着我，直到今天也是如此。侄女埃拉和阿梅利亚始终把流变和后代的发展放在首位。在此也感谢罗杰和芭芭拉·林恩（Barbara Rinne）以及斯特凡、罗杰和卡罗琳·道格拉斯（Carolyn Douglas）。

我选择的大家庭以我从未想过的最美丽的方式给了我爱。拉吉·摩尔夫妇（Raggi-Moores）——朱迪、丹尼、杰西卡、弗朗西斯卡（诺娜）和弗朗西斯（米玛），他们作为全新的、完整的家庭，让我心中的爱和归属又加了一层。从那时起，我的心有了一个安全的落脚点。琳达·尼尔森（Linda Nelson）、史蒂夫和泰瑞·凯西（Terry Casey）以及"没有更多"巡游者向我展示了爱和欢乐无处不在。贝恩和莎莉·科尔（Sally Kerr）教会了我什么是赋予他人权力，并让我很早就明白如何倾听自己内心的声音。父母最亲密的朋友也一直关注着我，保留着关于我父母的回忆。

我的父亲是一名教师，也是我最好的朋友。我也有幸在很早就认识了几位老师，他们看到了我的潜力（即使我自己也很难发觉），我仰视他们。从小学到法学院，在课堂内外都有这些老师的身影：凯伦·克洛森（Karen Crosson）、帕蒂·韦德（Patty Weed）、托马斯·兰开斯特（Thomas Lancaster）、普里西拉·埃科尔斯（Priscilla Echols）、乔迪·厄舍（Jody Usher）、恩盖尔·伍兹（Ngaire Woods）、伊丽莎白·华伦（Elizabeth Warren）、乔纳森·齐特林

（Jonathan Zittrain）、乔恩·汉森（Jon Hanson）和洛朗·雅克（Laurent Jacques），他们激发了我的好奇心，鼓励我看到考试或课程之外的东西，并以他们自己的方式帮助我为新剧本的诞生奠定了基础。

我现在明白了为什么作者们会说"生"一本书：想法在孕育之中，写作既是劳动，也能带来巨大的快乐，而最终的结果则为爱的结晶，永远改变了你。我无法想象有比贝瑞特·科勒团队（Berrett-Koehler）更好的合作伙伴。简单出版社（B.K.Agency）则是出版界的翘楚。史蒂夫·皮尔桑蒂（Steve Piersanti）是作者们梦寐以求的编辑。他花了（根据我的估计）数百个小时让这份手稿内容更加充实，每一轮的修改都让我进一步看到了这本书的潜力。感谢BK梦之队的所有成员：杰万·西瓦苏布拉马尼亚姆（Jeevan Sivasubramaniam）、凯蒂·希恩（Katie Sheehan）、克里斯汀·弗兰茨（Kristin Frantz）、瓦莱丽·考德威尔（Valerie Caldwell）。马克·福蒂尔（Mark Fortier）和杰西卡·佩利恩（Jessica Pellien），感谢你们以非凡的善意、机智和洞察力帮助将本书推向世界各地。埃兰·摩根（Elan Morgan）、黛比·伯恩（Debbie Berne）和乔金·冈萨雷斯·多劳（Joaquín González Dorao），感谢你们的创造力和能力，让我关于流变的想法可以分享给世界各地的人们。
阿丽亚娜·康拉德（Ariane Conrad）、埃德·弗拉因海姆
（Ed Frauenheim）、约翰·卡多尔（John Kador）、斯图
尔特·莱文（Stewart Levine）、蒂姆·布兰德霍斯特（Tim
Brandhorst）、卡拉·班克（Carla Banc）、TEDx法兰克福团
队以及BK作家社区：也感谢你们对此次写作之旅的大力支持。

感谢罗斯·科恩（Ross Cohen）、布莱纳·利文斯顿
（Bryna Livingston）和马利斯·库萨格（Marlys Kvsager）。
也衷心感谢YoYogi工作室为我构筑了瑜伽哲学与当今变化世界
的桥梁。亚历克斯、特丽和克里斯蒂·科尔（Kristi Cole）、
托里·格里辛（Tori Griesing）、伊莎贝尔·艾伦（Isabel
Allen）、盖伦·费尔班克斯（Galen Fairbanks）和瑞秋·梅
耶（Rachel Meyer）：你们都是了不起的人。

我一直在找寻拥有能做朋友的同事：他们在手头的工
作之外还相互关心，并为彼此的人生旅途相互庆祝。我在哈
里·沃克事务所（Harry Walker Agency）的同事就是这种
感情的化身。唐和艾伦·沃克（Ellen Walker）、艾米·沃
纳（Amy Werner）、梅根·希恩（Meghan Sheehan）、
莉莉·温特（Lily Winter）、蒂芙尼·维兹卡拉（Tiffany
Vizcarra）、麦金赛·洛朗斯（McKinsey Lowrance）、

尼基·弗莱施纳（Nicki Fleischner）、伊丽莎白·赫尔南德斯（Elizabeth Hernandez）、卡罗琳·博伊兰（Carolyn Boylan）、莫莉·科特（Molly Cotter）、艾米莉·特里维尔（Emily Trievel）、贝丝·加加诺（Beth Gargano）、苏珊娜·曼齐（Suzanne Manzi）、约翰·克萨尔（John Ksar）、鲁本·波拉斯·桑切斯（Ruben Porras-Sanchez）、格斯·梅内塞斯（Gus Menezes）、米里亚娜·诺夫科维奇（Mirjana Novkovic）、达娜·奎因（Dana Quinn）、米兰达·马丁（Miranda Martin）：感谢你们所有人（以及其他我可能遗漏的人）。

我的投资组合生涯使我能够创建一个比其他方式更多样化的专业社区。这些同事让我在更多的部门和组织中感受变化，这是我凭一己之力做不到的，并且他们一直帮助我锻炼思维，挑战自己的假设，并落于实践。多年来，我在爱彼迎、安理国际律师事务所、AnyRoad、Butterfield & Robinson、未来研究所、Jobbatical、nexxworks、Sharing Cities Alliance、特洛夫、Unsettled和Water.org的许多同事也都成了我的好友。改变？放马过来吧！

没有任何一个社区比世界经济论坛的全球青年领袖对我的个人职业之旅产生更大的影响了。全球青年领袖是一个永无止境的灵感来源，同时也让人们对什么是重要的（或不重要的）有了初步概念。我肯定会遗漏一些应该被提及的人，但以下是我尽力整理的全球青年领袖成员名单，他们直接或间接地帮助了本书的出版。Hrund Gunnsteinsdóttir，杰拉丁（Geraldine）和詹姆斯·钦·穆迪（James Chin-Moody），丽莎·维特（Lisa Witter），尼科·坎纳（Niko Canner），拉祖·纳里塞蒂（Raju Narisetti），艾米·卡迪（Amy Cuddy），伊莱恩·史密斯（Elaine Smith），布莱特·豪斯（Brett House），瓦莱丽·凯勒（Valerie Keller），尼尔米尼·鲁宾（Nilmini Rubin），宾塔·布朗（Binta Brown），艾伦·马尼亚姆（Aaron Maniam），尼利·吉尔伯特（Nili Gilbert），罗宾·斯科特（Robyn Scott），克莉丝汀·瑞奇伯格（Kristen Rechberger）。恩里克·萨拉（Enric Sala），戴夫·汉利（Dave Hanley），吉奥夫·戴维斯（Geoff Davis），朱莉娅·诺维·希尔德斯利（Julia Novy-Hildesley），艾利什·坎贝尔（Ailish Campbell），彼得·莱西（Peter Lacy），大卫·罗森伯格（David Rosenberg），科琳娜·莱瑟（Cori Lathan），亚当·魏巴赫（Adam Werbach），亚当·格兰特（Adam Grant），德鲁·卡塔卡（Drue Kataoka），卢西恩·塔尔诺夫斯基（Lucian

Tarnowski），汉娜·琼斯（Hannah Jones），伊恩·所罗门（Ian Solomon），约翰·麦克阿瑟（John McArthur），维尔纳·伍特西（Werner Wutscher），爱德华多·克鲁兹（Eduardo Cruz）等，你们都是指向流变的明灯。还有过去和现在的全球青年领袖团队成员：约翰·达顿（John Dutton），玛利亚·莱文（Mariah Levin），大卫·艾克曼（David Aikman），埃里克·罗兰德（Eric Roland），凯尔西·古德曼（Kelsey Goodman），梅里特·贝赫（Merit Berhe），瑟里纳·哈塔（Shareena Hatta）等，感谢你们的共同帮助。

有许多人提供了想法、反馈、观点和灵感，并帮助这本书取得了成果，有时甚至可能连他们自己都没有意识到。马蒂·斯皮格尔曼（Marti Spiegelman），凯文·卡维诺（Kevin Cavenaugh），希瑟·麦高恩（Heather McGowan），马拉·泽佩达（Mara Zepeda），瓦妮莎·蒂默（Vanessa Timmer），朱丽叶·修尔（Juliet Schor），加里·博勒斯（Bolles）和海蒂·博勒斯（Heidi Bolles），朱莉·文斯·德沃斯（Julie Vens de Vos），彼得·辛森（Peter Hinssen），乔治·巴特菲尔德（George Butterfield），戴维·凯斯勒（David Kessler），大卫·尼宾斯基（David Nebinski），阿莱格拉·考尔德（Allegra Calder），麦克·马查格（Mike

Macharg），埃斯蒂·所罗门·格雷（Estee Solomon Gray），阿斯特里德·肖尔茨（Astrid Scholz）。玛尼沙·塔科尔（Manisha Thakor），乔纳森·卡兰（Jonathan Kalan），迈克尔·杨布拉德（Michael Youngblood），卡罗里·辛德利克（Karoli Hindriks），Jerry's Retreaters、REX以及OGM团体在包括我写作的许多年来，都给予了我他们的洞见和启发。乔伊·巴特拉（Joy Batra），萨斯基亚·阿克伊尔（Saskia Akyil），安妮·扬泽（Anne Janzer），克里斯·希普利（Chris Shipley），劳拉·弗隆基维茨（Laura Fronckiewicz），安·莱梅尔（Ann Lemaire），克拉克·奎恩（Clark Quinn），罗里·科尔（Rollie Cole），和斯蒂芬·盖洛维（Stephi Galloway）对我的手稿草稿提供了宝贵的反馈。好友马塔·佐佩蒂（Marta Zoppetti），丹妮拉·甘加勒（Daniela Gangale），杰伊·特纳（Jay Turner），莎朗·琼斯（Sharon Jones），珍妮·埃里克森（Jenny Ellickson），简·斯托弗（Jane Stoever），安娜·塔博（Anna Tabor），詹·哈里森（Jen Harrison），特里莎·安德森（Trisha Anderson），莱亚·约翰斯顿（Lea Johnston），高拉夫·米斯拉（Gaurav Misra），诺亚·梅辛（Noah Messing），斯特灵·斯潘塞（Stirling Spencer），

以及1993—1994年大学学院中央公共休息室（MCR）的优秀成员们，在这本书面世之前就为我加油。正是因为如此，我才非常担心会还有人尚未被提及。

我开设了流变思维探索者俱乐部（FMXC），以此共同探索如何驾驭变化。FMXC始终是提供快乐、多样性、展示、学习和分享的来源。衷心感谢每一位成员。

最后但最重要的是，我对杰里·米哈尔斯基（Jerry Michalski）的感激实在是说再多都不为过。感谢你对我的信任，感谢你坚定不移的支持和爱，感谢你理解我的古怪之处（常常比我自己还了解），感谢你的独特理念和以非凡能力帮助我提炼自身想法，感谢你在生活、爱情、旅行，当然还有流变方面都是如此出色的伙伴。

附　录

　　本书旨在帮助个人和组织重塑他们与不确定性和变化的关系，以保持健康和富有成效的未来。本书全篇提供消息框，以促使自我反思、好奇心和对话。许多消息框包括问题和练习，旨在帮助你打开流变思维，发展你的流变超能力。以下是这些问题的精选（加上一些额外的问题），旨在帮助评估你的"流动性"并激发有意义的讨论。你可以与你的朋友、同事、家人、团队成员、领导圈、智囊团甚至陌生人一起共同思考这些问题。这些问题不仅适合于个人考虑，也适合一对一和小组讨论。下面来思考以下问题吧！

你的流变思维基线

　　1.你喜欢哪种变化？讨厌哪种变化？

　　2.是什么给了你意义和目的？

　　3.在不确定的时候，你会向谁或什么求助？

　　4.你在任何情况下都会承诺的事是什么？

　　5.在成长过程中，你被教导要害怕变化还是拥抱变化？

　　6.是什么"使你成为自己"？有多少是生来就有的（特权或缺乏特权）？

7.哪个词最能描述你今天与变化的关系？

组织改变与领导力

1.你如何评价你的组织的应对变化能力？某些人、团队或部门是否比其他人更"流变"？你认为为什么会出现这种情况？

2.在你的组织中，当出现意外的延迟或中断时，通常会发生什么？

3.思考一下你的领导风格。你是否期望你的同事和合作伙伴迅速采取行动，坚持到底，和/或同意你的决定？为什么？

4.当试图满足他人设定的期望时，你有什么感觉？当为他人设定期望时，你又感觉如何？

5.你如何看待与他人分享权力？

最后，思考一下，本书还向你提出了哪些问题？

后记
改变无止境

人不能两次踏入同一条河流。

——赫拉克利特（HERACLITUS）

到此，你已经翻阅过本书那些吸引你的篇章了，无论以什么顺序阅读都没关系。你在竭尽全力打开流变思维、解锁流变超能力并书写适合当前世界的专属新剧本。你会感受到自己的内心、身体还有灵魂都在发生巨大改变。你也明白，不论你是领导、专家、企业家、家长、社区成员还是最普通的人，这种改变对你来说都是有益的。但是你仍然会思考：还有什么呢？接下来会发生什么呢？我现在到底在做什么？

你现在已经走到了正确的位置。但首先，我们还是来确认一下你的所在方位，以便更好地了解你目前所掌握的内容。这有利于我们更容易展望有意义的未来。

也许最重要的（也是最容易忘记的）就是你的一举一动都会影响自己驾驭改变的能力。练得越多，效果越好。练习恐惧能够更容易驾驭惧怕感；尝试灵活度，你就会变得更随机应变；践行希望，你就能激发怀揣梦想的能力。

"下一步是什么"这一部分将改变看作一种练习。你不会一夜之间就能够打开流变思维，加强流变超能力。随机应变的能力是一个终生学习的过程，它需要练习、练习，以及更多的练习。这样做的目的是自我提升，而非达到完美。最终会怎

么样呢？每天（尤其是当下），你都会有许多机会练习这种
能力。

相信你也发现了，各种流变超能力是相辅相成的。虽然每
种超能力都独立存在，但一旦他们彼此相结合，将会迸发出更
强劲的力量。比如：

- 当你从信任开始时，就更容易放手。

- 当你能够看到不可见的事物时，就更容易开始信任。

- 当你放慢脚步时，就更容易看到不可见的事物。

如果你准备练习流变超能力的话，先从与自己最相关的开始，
你会明白随着时间的推移，其他的超能力会与它融汇到一起。

同样，你也可以从最相关的改变着手。改变的一大特点就
是，它是没有特定限制的：它可以被应用于任何大小、范围，
或者规模。比如，可以是个人的日常安排、家庭、事业或者
梦想和期望的改变；企业的办公室、人力资源或战略布局的改
变；社会的政治、城市、气候等方面的改变。当整个世界都处
于变化之中时，流变思维几乎无处不在。

因此，这本书显然只是一个开始。每种流变超能力都值得
用一整本书来解释。你在本书开始探索的内容远不只限于一种
变化、一个人或一段时间。

但是现在，让我们把注意力重新放到自己身上。改变的基

本前提是在一个不断变化的世界里，我们需要从根本上重塑与不确定性之间的关系，转换剧本内容，这样才能拥有健康丰富的未来，具体需要以下三步：

第一步：打开流变思维。

第二步：运用"流变思维"解锁八个"流变超能力"。

第三步：运用流变超能力来书写你的新剧本。

"转变剧本内容"的能力是关键。你的新剧本需要适合如今的时代背景，并能让你在不断变化的环境中茁壮成长。但光靠新剧本本身是无法实现的，这还需要你理解旧剧本的内容，以及它是如何塑造当前的自己与变化的关系的。

每个人与变化的关系都是独一无二的，因为它深深扎根在我们各自的生活经历中，没有哪个人的人生经历与他人完全一样。你需要考虑的问题是：当变化来袭时，是什么让你立足，让你扎根，给你方向？是什么样的价值观给予你清晰的认知和安稳的心态，让你将改变看作机遇，而非威胁？你如何践行这些价值观？不论是职业、伴侣、日常安排、家庭成员、产品发布、新员工，还是选举周期，当这些你所认为的变化并没有发生时，价值观是如何影响你做出回应的？

（这也许正好可以让你回顾导言中自己的流变思维基线，看看你的答案是否有所变化。）

虽然每个人是以不同的过往和性格面对变化的，但是我发现有一些非常自然的方式能够加强流变思维，你可以现在就运用你的流变超能力。

将流变作为你人生的一部分。我认为开始实践的最佳地点是室外——走进大自然，这是流变的典范，也是我们面对不断变化的环境的良师。

早在公元前500年，赫拉克利特就已经注意到了这一点：大自然的变化永无止境，但它也是变化之海中的一个常量。大自然对震撼你的世界的变化几乎不闻不问。季节变化、鲜花盛开、树木结果、动物冬眠……就像它们一直以来那样。此外，自然界在不断变化，变得与以前不同了。运动的原子在变化；细胞在分裂；空气和能量在流动。"就像一条河流，生命不断向前流动，虽然我们可以从河岸踏入河中，但流过我们脚下的水永远不会是之前流过的那片水。"以下是大自然无数的变化中的几个例子：

● 毛毛虫破茧成蝶，虫子竟然变成黏液，然后长出翅膀，翩翩起舞？！

● 竹子花了一年多的时间在地下发展根系和根茎，然后开始疯狂生长：这种植物每天生长3英尺[①]，比水泥还要坚固，很

---

① 1英尺等于30.48厘米。——编者注

可能是地球上最坚固的植物了吧？！

● 潮起潮落，既能打造梦幻般的度假胜地，也能产生摧毁性的飓风：一场变化的海啸！

大自然也与土著和古代智慧密不可分。看看我们最棘手的问题，从可持续发展，到社区建设，再到生态系统管理，如果我们遵循古代智慧，理解它与大自然和变化的关系，今天的人类也许对变化会有一个更好、更丰富的理解。我们极有可能会做出更好的决定，让自己生活在这样一个环境里：

● 成功是以关系和可持续性来衡量的，这包括我们与地球母亲的关系。

● 规划包括并优先考虑后代，如第七代原则，其中规定："在我们的每一次审议中，我们必须考虑当下的决定对未来七代人的影响。"

● 恐惧是一种需要轻轻握住的情绪，而不是要逃避的怪物。

● 我们的内在智慧被挖掘和信任，不取决于外界的肯定。

● 未来是无法预测的，但当你与内在智慧接触时，你可以很好地感知到事情可能的走向。

现在来思考一下你目前与大自然的关系，以及你在拿起这本书之前对土著智慧了解（或不了解）的地方。你是否能够真正注意到大自然的细微变化？你是否听说过辛巴人的非凡注意

力，你是否知道足够和满足这两个词的实际含义？

当你身处大自然一段时间后，就会直接从源头上了解到不断的变化。土著智慧是人类最宝贵的财富之一。大自然和土著智慧都能激活你的流变超能力：它们帮助你学会看到以前看不到的东西，并相信大自然的声音。观看、聆听、学习，并将这些见解应用于你自己的生活和工作。把你的流变思维上升到一个新的水平，写下新剧本的新篇章。

不过不要单单满足于听别人的故事。展开你自己的神话，无须多余的解释，让每个人都明白"我们打开了你的内心"这句话的意义。

——鲁米（RUMI）

其次，将变化带入你的公司文化。本书侧重讲个人能力，但这只是一个开始。当我们将超能力应用于公司文化时，我们会发现它与从实现商业模式结构到战略规划、绩效指标以及多样性、公平性和包容性（DEI）都有积极联系，它们都超越了表层含义，产生了实质性的变化。

例如，思考关于自己公司或组织的以下问题（如果你目前没有工作，那就评估你想到的第一个公司或组织）：

● 一个"为所有人提供足够的服务"而不是"为某些人提供更多服务"的企业战略是什么样子的？一个可以让公司放慢运行速度并关注季度回报以外的长期规划的战略又是怎样的呢？

● 当一个公司把它的客户当作公民而不是消费者时会发生什么？

● 一个根植于信任和足够信用的社会究竟包括什么？公司的报酬和所有权结构如何？

● 流变超能力如何影响公司对风险和责任的看法？

我一次又一次地听到，许多公司不适合不断变化的环境。即使是所谓反应敏捷的公司也会陷入过时的政策中，误读市场，并造成团队摩擦（或更糟的结果）。通常情况下，领导者说他们想要创新，但却做出抵制创新的选择。

当然，还有另一本专门针对组织改变的书，再加上研讨会、诊断等。但这本书已经可以激发很多东西，特别是当涉及变化作为一种公司宣言和团队合作的工具时，这本书已经足够。

无论你是在私营、公共或社会部门工作，是为营利性、非营利性或福利组织工作，是全职、兼职、雇员、承包商、自营职业者或职业组合者，想象一下，如果你的组织拥有所有八种流变超能力，那会是什么样子。想象一下，如果你的组织和你的所有同事都知道如何放慢脚步，看到看不见的东西，并以信任开始，整个团队都能变得更加人性化，并鼓励你也这样做会是什么样。想象一个适合流变世界的新剧本又会是怎样的。

如果你觉得这很有意思，要想开始也很简单：只需分享这本书，并开始与你的同事进行关于变化的交谈！

如果你正在领导一个团队，召集整个团队，一起探讨你的旧剧本，可以评估你的流变思维基线（在导言中有讲），并分享你的答案。看看还有谁对书写新剧本感兴趣（我的经验表明，很少有人想过这个问题，但一旦他们想到了，几乎每个人都想写出自己的剧本）。彼此结成伙伴，一起更好地共同努力。

再往前走一步：为团队编写一个新的剧本，其中包括每个人的声音。

最终，任何组织及其成员得到的成功（或阻碍）都是一样的，而变化也不例外。一个组织如果利用了流变超能力，就会比一个因循守旧的团队更能准备好应对充满变化的未来。

要么改变环境，要么环境改变你。

——乔治·麦素纳斯（GEORGE MACIUNAS），激浪派创始人

再进一步，把变化带入你的家庭。正如你所看到的，一个人与变化的关系是由内而外开始的。流变超能力在任何年龄段

都是适用的，而且我们越早开发它们越好。在一个理想的世界里，儿童会与变化建立一个健康的关系。他们会在很小的时候就摸索出一种流变思维，并终生拥有流变超能力。事实上，我已经记不清有多少家长向我表达了他们想实现这一目标的愿望。

此外，许多年轻人——尤其是年轻的成年人，想要一种不同的生活、工作和生存方式。他们看到旧剧本被撕毁了，于是想要一个新的剧本：一个适合当今世界的新的路线图来定位和指导他们的生活。这本书可以帮助他们，而你也可以。

做起来也同样很简单：与你的孩子谈论改变。告诉他们你生活中难以变化的真实案例。进行平等对话，讨论哪种变化是最困难的，以及哪种流变超能力会最有帮助。根据孩子的年龄，谈谈新的剧本会是什么样子。

当你把改变带入你的家庭时，你也为关于共鸣、相互依存和特权的对话打开了大门。与别人相比，你真实的改变是什么？这是帮助孩子们了解人类在个人和社会上的相互联系的绝佳方式。

特权（或缺乏特权）塑造了你对变化的看法，而且是双向的。某些类型的特权让你在某些变化中毫发无损。然而，某些特权也会使你陷入困境（尤其是在旧剧本的升级版上），使你更难拥抱改变。

特权有多种形式：情绪稳定、经济财富、有爱的家庭和安全的家都是特权的形式，它们都会引发对变化的不同反应。受虐待或在破碎的家庭中长大，可能会使你更难信任他人。从未拥有足够的东西可能使人很难不渴望得到更多。而矛盾的是，被特权所包围使你（往往）更难放手所得之物，即使这对你自己（和世界）来说都是最好的选择。

只有当你意识到自己（和他人）的特权，并能想象没有特权的充实生活时，你才能完全向改变靠拢。流变心态要求你审视内心，了解自己的特权（或缺乏的特权），以及它如何使你无法拥抱变化。这听起来可能是一个很高的要求，但这是每个人都应该渴望的，尤其是因为即使是经常被认为是理所当然的特权（如拥有父母、你的健康或工作）也会在一瞬间发生变化。

不断改变的人，就能焕发生机。

——弗吉尼亚·伍尔芙（VIRGINIA WOOLF）

最后，把改变带入世界。在最广泛的层面上，你可以成为改变大使。你可以成为改变社区的一部分，并帮助建设这个社区，改写社区的集体剧本。你可以成为关于"改变的生命周期"的新思维的催化剂：例如，随着我们年龄的增长，我们的流变思维是如何演变的？你也可以催化我们如何谈论变化：这是我们看到真正的大规模转型的唯一途径。

事实上，这本书揭示了我们目前的语言在驾驭变化方面是多么软弱无力。正如我们在不断变化中挣扎一样，我们也在努力表达它。我们有复原力和适应性这样的词汇，但处于变化的旋涡中这样的表达，其实没有那么多。

然而，如果没有合适的词语来描述"处于变化的旋涡中"是什么，就很难谈论某些东西，更不用说真正地与他人交流了。这个难题并不是改变独有的，对于那些尴尬的、被污名化的或者我们宁愿回避的话题来说，这是一个普遍的现实。当有大量的知识需要学习，但我们却被切断了与这些信息的联系时，这种情况尤其令人沮丧。例如，当瑜伽哲学被商业界视为巫术，或者当土著智慧被数量分析师边缘化时。

这是你帮助打破这些障碍的机会，为重要的事情发声，并认识到我们有多么需要相互学习。我们正处在一个理想的、日益紧迫的时刻，来发展一个强大的改变词汇：一个有助于提高人们的意识和将人们聚集在一起的词汇，这反过来可以成为流变超能力扎根的催化剂。

除了更好地谈论改变之外，你也有机会提高你自己的"改变能力"，为所有人打造一个更光明的未来。例如，"改变理论"如何影响我们制定衡量社会健康和福祉的标准？有针对改变的新GDP吗？（我认为有。）建立一个真正的变革性的东西，其全部效果在你的有生之年是无法感受到的，它会是什么样子的？这也指向了土著智慧，它承载着我们所寻求的许多答案（以及我们一直以来所知道的许多内容）。这是一个在全球范围内重新发现的过程。

很明显……在一个本质上充满瞬间和流动的宇宙中，想要完全安全是与其相背的。

——阿伦·沃茨（ALAN WATTS）

对于人类的拥护者来说，这是一个终生难忘的机会。当旧的剧本损毁，你的流变思维打开，流变超能力就会出现：你能够放慢脚步、放缓心态，看到看不见的东西，放手不再适合的未来，并在建设下一个目标的同时不忘当下。

这就是学习改变，没有比现在更好的练习时机了。你的新剧本就在不远处。

准备好了吗？我们出发吧！